全国高等职业教育规划教材

XML 程序设计案例教程

任宪臻　孙立友　等编著

刘瑞新　主　审

机械工业出版社

本书系统介绍了可扩展标记语言 XML 的应用，全书共分为 7 章，其中前 3 章主要介绍可扩展标记语言 XML 的发展、开发环境、基本语法、DTD 等内容，后 4 章主要介绍显示 XML 数据的层叠样式单语言 CSS 和可扩展样式表语言 XSL、文档对象接口 DOM 的应用及数据岛 DSO 技术的应用。本书在讲述知识点的同时，精心为每个重要的知识点设计了相应的实例，使读者能够快速、准确地掌握该知识点内容，并能根据实例举一反三、融会贯通。本书所有例题、实训、习题均经上机运行通过，保证可以顺利执行。

本书适合作为高职高专院校相关专业的 XML 基础课程的教材，也可以供相关技术人员参考。

本书配套授课电子课件，需要的教师可登录 www.cmpedu.com 免费注册、审核通过后下载，或联系编辑索取（QQ：1239258369，电话：010-88379739）。

图书在版编目（CIP）数据

XML 程序设计案例教程 / 任宪臻等编著. —北京：机械工业出版社，2015.4

全国高等职业教育规划教材

ISBN 978-7-111-50106-0

Ⅰ. ①X… Ⅱ. ①任… Ⅲ. ①可扩充语言－程序设计－高等职业教育－教材 Ⅳ. ①TP312

中国版本图书馆 CIP 数据核字（2015）第 087893 号

机械工业出版社（北京市百万庄大街 22 号　邮政编码 100037）

策划编辑：鹿　征　责任编辑：鹿　征

责任校对：张艳霞　责任印制：李　洋

高教社（天津）印务有限公司印刷

2015 年 8 月第 1 版第 1 次印刷

184mm×260mm・14.5 印张・357 千字

0001－3000 册

标准书号：ISBN 978-7-111-50106-0

定价：34.00 元

凡购本书，如有缺页、倒页、脱页，由本社发行部调换

电话服务　　　　　　　　　　　　网络服务

服务咨询热线：（010）88379833　　机 工 官 网：www.cmpbook.com

　　　　　　　　　　　　　　　　机 工 官 博：weibo.com/cmp1952

读者购书热线：（010）88379649　　教育服务网：www.cmpedu.com

封面无防伪标均为盗版　　　　　　金 书 网：www.golden-book.com

全国高等职业教育规划教材计算机专业
编委会成员名单

主　任　周智文

副 主 任　周岳山　林　东　王协瑞　张福强

　　　　　陶书中　眭碧霞　龚小勇　王　泰

　　　　　李宏达　赵佩华

委　　员　（按姓氏笔画顺序）

马　伟　马林艺　万雅静　万　钢

卫振林　王兴宝　王德年　尹敬齐

史宝会　宁　蒙　安　进　刘本军

刘剑昀　刘新强　刘瑞新　乔芃喆

余先锋　张洪斌　张瑞英　李　强

何万里　杨　莉　杨　云　贺　平

赵国玲　赵增敏　赵海兰　钮文良

胡国胜　秦学礼　贾永江　徐立新

唐乾林　陶　洪　顾正刚　曹　毅

黄能耿　黄崇本　裴有柱

秘 书 长　胡毓坚

出 版 说 明

《国务院关于加快发展现代职业教育的决定》指出：到 2020 年，形成适应发展需求、产教深度融合、中职高职衔接、职业教育与普通教育相互沟通，体现终身教育理念，具有中国特色、世界水平的现代职业教育体系，推进人才培养模式创新，坚持校企合作、工学结合，强化教学、学习、实训相融合的教育教学活动，推行项目教学、案例教学、工作过程导向教学等教学模式，引导社会力量参与教学过程，共同开发课程和教材等教育资源。机械工业出版社组织全国 60 余所职业院校（其中大部分是示范性院校和骨干院校）的骨干教师共同策划、编写并出版的"全国高等职业教育规划教材"系列丛书，已历经十余年的积淀和发展，今后将更加紧密结合国家职业教育文件精神，致力于建设符合现代职业教育教学需求的教材体系，打造充分适应现代职业教育教学模式的、体现工学结合特点的新型精品化教材。

"全国高等职业教育规划教材"涵盖计算机、电子和机电三个专业，目前在销教材 300 余种，其中"十五""十一五""十二五"累计获奖教材 60 余种，更有 4 种获得国家级精品教材。该系列教材依托于高职高专计算机、电子、机电三个专业编委会，充分体现职业院校教学改革和课程改革的需要，其内容和质量颇受授课教师的认可。

在系列教材策划和编写的过程中，主编院校通过编委会平台充分调研相关院校的专业课程体系，认真讨论课程教学大纲，积极听取相关专家意见，并融合教学中的实践经验，吸收职业教育改革成果，寻求企业合作，针对不同的课程性质采取差异化的编写策略。其中，核心基础课程的教材在保持扎实的理论基础的同时，增加实训和习题以及相关的多媒体配套资源；实践性较强的课程则强调理论与实训紧密结合，采用理实一体的编写模式；涉及实用技术的课程则在教材中引入了最新的知识、技术、工艺和方法，同时重视企业参与，吸纳来自企业的真实案例。此外，根据实际教学的需要对部分课程进行了整合和优化。

归纳起来，本系列教材具有以下特点：

1）围绕培养学生的职业技能这条主线来设计教材的结构、内容和形式。

2）合理安排基础知识和实践知识的比例。基础知识以"必需、够用"为度，强调专业技术应用能力的训练，适当增加实训环节。

3）符合高职学生的学习特点和认知规律。对基本理论和方法的论述容易理解、清晰简洁，多用图表来表达信息；增加相关技术在生产中的应用实例，引导学生主动学习。

4）教材内容紧随技术和经济的发展而更新，及时将新知识、新技术、新工艺和新案例等引入教材。同时注重吸收最新的教学理念，并积极支持新专业的教材建设。

5）注重立体化教材建设。通过主教材、电子教案、配套素材光盘、实训指导和习题及解答等教学资源的有机结合，提高教学服务水平，为高素质技能型人才的培养创造良好的条件。

由于我国高等职业教育改革和发展的速度很快，加之我们的水平和经验有限，因此在教材的编写和出版过程中难免出现问题和疏漏。我们恳请使用这套教材的师生及时向我们反馈质量信息，以利于我们今后不断提高教材的出版质量，为广大师生提供更多、更适用的教材。

机械工业出版社

前　言

可扩展标记语言 XML 是互联网应用开发的一门新技术，是当前处理结构化文档的重要工具。本书以 Altova XMLSpy 2013 中文版为操作平台，系统介绍了可扩展标记语言 XML 的相关技术及应用。本书采用知识点讲述、例题、实训相结合的形式，系统深入地阐述了 XML 基础知识及相关技术。本书还精心设计了大量丰富的实例，这些实例覆盖面广、内容全面、实用性强，可以帮助读者顺利完成本书内容的学习。本书的主要特点如下：

1．知识讲述与实践应用相结合

本书提供丰富的应用实例，每个重要的知识点都有理论讲解和相应的实例分析支撑。本书每章都包括 4 部分内容：理论知识讲解、实例分析、实训、习题。理论知识讲解部分以阐述理论知识为主；实例分析部分主要通过应用实例帮助读者进一步理解和掌握理论知识的具体应用；实训部分主要是设计一个综合应用实例，考查读者对知识的综合应用能力；习题部分主要设计了简述题和操作题两类，考查读者对内容的掌握程度，其中简述题用来测试读者对理论知识的掌握程度，操作题则主要测试读者的实际应用操作能力。

本书实例遵循由浅入深的原则，使读者不仅能够掌握 XML 相关技术的基本应用，还能够使读者通过这些实例，举一反三、融会贯通地应用这些技术解决实际问题。

2．图文并茂

为了帮助读者直观地看到 XML 技术的应用效果，本书内容中包含了大量丰富的图片，这些图片可以帮助读者理解抽象的 XML 理论知识。

3．突出实用、够用的原则

本书知识点阐述简明清晰，以突出基础和重点、实用、够用为原则。本书实例循序渐进，便于读者加深记忆和理解，也便于读者边学边练，学以致用。

本书由任宪臻、孙立友等编著，参加编写的作者有任宪臻（第 1、3、4、5 章），曹华东（第 2 章），李大鹏（第 6 章），孙立友（第 7 章），本书的实训、习题解答和教学课件由王教福、崔启强、任鹏、邵倩、邱郑文、崔启勇、任宪耀、骆秋容、张曼、任增光、唐绍峰、邱法花、钟帅、任宪义、刘建玺、袁昭、李学英、宋浩宇、王兆财、李文奎、张新鹏、王连东、王超、邱平、邱法堂、钟金秀编写。全书由刘瑞新教授审阅并定稿。本书在编写过程中得到了许多同行的帮助和支持，在此表示感谢。

由于编者水平有限，书中错误之处难免，欢迎读者对本书提出宝贵意见和建议。

编　者

目　　录

第1章 XML 概述

随着互联网应用技术的发展，超文本标记语言 HTML 已经无法满足网络数据交换的需求。为了解决这个问题，W3C 提出一种新的解决方案——XML（Extensible Markup Language，可扩展标记语言）。XML 是一种新的标记语言，本章主要介绍 XML 的发展历程、设计目标、优势与不足、应用领域及相关技术等方面的内容。在本章的最后，详细介绍了一款用于 XML 文档编辑、转换和调试的软件 Altova XMLSpy，并通过实例详细讲解了如何应用该软件新建、编辑、查看 XML 文档。

1.1 XML 的发展历程

随着互联网应用技术的发展，HTML（HyperText Markup Language，超文本标记语言）逐渐显露出众多局限性和不适应性。使用 HTML 制作网页时，网页设计者必须对文档进行很多的调整才能兼容目前各种主流的浏览器，这极大降低了工作效率。而且，由于浏览器不检查网页中是否存在错误的 HTML 代码，这就造成目前有很多的网页包含了错误的 HTML 代码。此外，随着网络技术的发展，如何有效地进行数据交换也成为一个重要的问题。

基于上述众多问题的存在，W3C（World Wide Web Consortium，万维网联盟）提出了一种新的解决方案——XML。XML 是一门新的标记语言，应用 XML 可以对文档和数据进行结构化处理，从而能够方便地完成数据交换，实现动态数据内容的生成。

1.1.1 SGML

XML 是基于 SGML 发展起来的。SGML 是 Standard Generalized Markup Language 的简称，含义是标准通用标记语言。

SGML 是一种定义电子文档结构并描述其内容的国际标准语言，它是所有电子文档标记语言的起源。SGML 具有非常好的完整性和稳定性，在 ISO（International Organization for Standardization，国际标准化组织）对其标准化后几乎没有再作任何修改。

SGML 的功能强大而且完善，但是在它强大功能的背后却是它的高复杂度，仅描述 SGML 规范的文档就有 500 多页，这也导致了 SGML 难以学习和掌握。而且，支持 SGML 的处理器开发成本高、价格贵，最关键的是几个主流的浏览器厂商拒绝支持 SGML，这也进一步阻碍了 SGML 的推广与应用。

1.1.2 HTML

鉴于 SGML 存在的上述问题，欧洲物理量子实验室的专家蒂姆·伯纳斯·李于 1989 年开发了基于 SGML 的超文本标记语言 HTML。HTML 是 SGML 的简化版本，它只使用了 SGML 中很少的一部分标记，因此 HTML 是 SGML 的一个子集。相对 SGML 来说，HTML 非常简

1

单，而且比较适合网页的开发。

HTML 是一种预定义的标记语言，它使用固定的标记，使得网页制作与信息发布非常简单。由于它的简单性和易用性，HTML 很快得到各个 Web 浏览器厂商的支持，成为最主要的网页设计语言。但是，随着网络技术的发展和网络应用的深入，HTML 的局限性开始逐渐显现出来，这主要体现在以下几个方面。

1）HTML 标记是由 W3C 预先定义的，应用者不能根据需要自定义标记，这导致 HTML 无法在页面上显示一些特殊标记，如数学公式、化学符号等。

2）HTML 主要侧重于数据内容的显示，如字体、字号、颜色等，但是它无法体现数据本身代表的含义。如通过代码 "<h2>apple</h2>"，只能得知数据 "apple" 是以 2 级标题的样式显示在页面上，但是却无法得知 "apple" 代表的具体含义（苹果 apple？姓氏 apple？计算机公司apple？）。

3）HTML 的语法不够严谨规范，如不区分大小写，而且浏览器不检查网页中是否存在错误的 HTML 代码，这就使得目前互联网上很多网页中的 HTML 代码存在错误。

1.1.3　XML

由于 HTML 存在上述众多不足，它已经无法满足网络数据交换的需求。为了解决这个问题，W3C 在 1998 年 2 月正式批准了 XML 的标准定义，发布了 XML 1.0 规范，XML 成为W3C 的推荐标准。

XML 是一门新的标记语言，它既具有 SGML 的强大功能和可扩展性，又拥有 HTML 的简单性和易用性。虽然用来描述 XML 规范的文档只有 26 页，但是 XML 仅用约 20%的 SGML 标记实现了近 80%的 SGML 的功能。

同 HTML 一样，XML 也是 SGML 的一个子集，它既继承了 SGML 自定义标记的优点，允许应用者根据需要自定义各种标记，同时它又在功能上弥补了 HTML 的不足。但是，XML 不是 HTML 的替代品，而是对 HTML 的有力补充。XML 的设计宗旨是描述数据、揭示数据本身的含义，因此 XML 主要被用来描述、储存数据；而 HTML 拥有丰富的显示格式，因此 HTML主要被用来显示数据。所以，XML 可以与 HTML 相辅相成，共同完成数据的描述与显示。

1.2　XML 的设计目标

XML 1.0 规格说明书中给出了 XML 的 10 个设计目标（具体可参见 http://www.w3.org/TR/1998/REC-xml-19980210#sec-origin-goals）。

1）XML 可以直接在 Internet 上应用。

2）XML 可以支持多种不同的应用。

3）XML 应该与 SGML 保持兼容。

4）处理 XML 文档的程序应易于编写。

5）XML 中的可选特征应该尽可能减少，理想情况为 0。

6）XML 文档应该具备良好的可读性和合理的清晰性。

7）XML 设计应该快捷。

8）XML 设计应该规范而且简洁。

9）XML 文档应该易于创建。

10）XML 不追求标记的简洁性。

1.3　XML 的优势与不足

XML 的出现，不仅满足了 Web 内容发布与交换的需要，而且它非常适合作为数据存储与共享的公用平台，XML 已经受到越来越多的技术人员的重视。

1.3.1　XML 的优势

XML 的应用前景非常广泛，它的优势主要体现在以下几个方面。

1．XML 是元标记语言

元标记语言是可以创建标记语言的语言。因为 XML 是元标记语言，所以任何类型的数据都可以在 XML 文档中定义，这也使得 XML 具有无限的可扩展性。

2．XML 是可扩展的

XML 中的标记没有被预先定义，因此应用者可以根据需要定义标记，只要标记名称符合 XML 规范就是合法的标记，如<学生>、<students>都是自定义的合法的 XML 标记。

3．XML 是基于文本的

XML 文档是一种基于文本的格式，因此可以使用任意一种文本编辑工具编辑、阅读 XML 文档，如记事本、写字板等。

4．XML 是平台独立的

因为 XML 文档是纯文本格式，因此它不依赖于任何一种程序设计语言、操作系统或者硬件。应用 XML 可以在各种不同的应用程序、操作系统、硬件环境之间进行数据交换。

5．XML 实现数据内容与显示格式的分离

XML 描述的是数据结构和含义，而不是数据的显示格式，因此一个 XML 文档的数据可以采用不同的显示方式输出。

1.3.2　XML 的不足

XML 虽然拥有上述众多的优点，但它也不是完美无缺的。XML 的不足主要体现在以下几个方面。

1．树状存储寻找信息难

XML 文档以树状存储数据，虽然搜索效率极高，但是数据插入和修改比较困难。

2．大数据量时效率低

XML 文档是纯文本格式，与数据的二进制表示方式相比，XML 文档内容的文本表示方式导致数据存储量和传输率都大大增加，尤其当数据量很大的时候，效率就成为很大的问题。

3．管理功能不完善

XML 文档作为数据提供者，相当于一个小型的数据库，但是它不具备数据库管理系统完善的数据管理功能。

4．通信难

由于 XML 是元标记语言，任何人、公司、组织都可以利用它定义新的标记，这可能导致不同领域、行业之间的通信出现巨大问题。

1.4 XML 的应用领域

目前 XML 已经被广泛应用在各个行业和领域中，随着网络技术的发展，XML 将在更多的领域发挥作用。XML 的应用主要体现在以下几个方面。

1．数据交换

数据交换技术是 XML 最重要的应用之一。因为 XML 主要被用来描述数据，所以应用 XML 可以在不同的操作系统平台、数据库系统、应用之间方便快捷地传递数据，而且多个应用程序可以共享同一个 XML 文档。

2．Web 服务

XML 在 Web 服务领域中扮演着非常重要的角色。Web 服务器应用 XML 交换数据，可以让使用不用操作系统、不同编程语言的应用之间互相交流、共享数据。Web 服务中的很多应用协议，如 SOAP（Simple Object Access Protocol，简单对象处理协议）等都是基于 XML 的。XML 的广泛应用推动了 Web 服务的不断发展，开创了 Web 应用的新时代。

3．Web 集成

随着 XML 应用的流行，目前许多 Web 应用开发商开始在信息家电和手持设备上使用 XML 技术，目的是为了让用户能够根据自己的需要选择数据的显示方式，增加更多的个人体验乐趣。随着现代信息网络技术的发展，XML 技术也将会更多地应用在家电和手持设备上。

4．电子商务

电子商务是利用计算机技术、网络技术和远程通信技术，实现整个商务（买卖）过程中的电子化、数字化和网络化。在交易过程中，交易数据的标准化在数据传输、交换过程中起着极其重要的作用。在电子商务中使用 XML 技术，应用程序可以非常清晰地理解交换信息中数据表示的商务概念。而且，由于 XML 的可扩展性，XML 丰富的标记可以用来描述各种不同类型的单据，如提货单、保险单等。基于 XML 的电子数据交换给电子商务带来了新的机遇，推动了电子商务的大规模应用。

5．系统配置文件

早期应用程序的配置文件大多采用.INI 文件，如 Windows 操作系统的各种.INI 文件。随着 XML 的广泛应用，现在大多数应用程序都采用 XML 文档作为配置文件，如在 Web 应用程序中常见的 web.xml 配置文件。

应用 XML 文件标记各种应用程序的配置数据，不仅可以使其具备更好的可读性，而且能够方便地将这些配置数据集成到应用系统中。此外，使用 XML 配置文件的应用系统能够更方便地处理所需要的配置数据，不再需要重新编译数据就能修改和维护系统。目前很多流行的软件，如 Tomcat 等，其系统配置文件都是 XML 格式的文档。

1.5 XML 的相关技术

目前 XML 的应用已经非常广泛，XML 的相关技术也发展得越来越成熟。与 XML 相关的技术主要有 DTD、CSS、XSL、DSO、DOM 等。

1．DTD

DTD 是 Document Type Definition 的简称，含义是文档类型定义。DTD 是一组语法规范，主要被用来规范和验证 XML 文档。

2．CSS

CSS 是 Cascading Style Sheets 的简称，含义是层叠样式表或级联样式表。CSS 是由 W3C 定义和维护的标准，目前最新版本为 CSS3。CSS 可以为结构化文档（如 HTML 或 XML）添加样式，如字体、颜色等。

CSS 包含一组格式设置规则，主要用于控制页面的外观。使用 CSS 格式化 HTML 或 XML 文档有许多优势，如实现了显示内容与表现形式的分离、便于统一定义和修改文档格式等。

3．XSL

XSL 是 eXtensible Stylesheet Language 的简称，含义是可扩展样式表语言。XSL 是目前除 CSS 样式表外显示 XML 文档数据的主要样式表技术。虽然 CSS 样式表可以设置元素内容文本的字体、颜色、背景、位置等，但是它不能排序输出文档中的元素，也不能判断和控制元素的选择性输出（如显示哪些元素、不显示哪些元素）等，而 XSL 则可以实现上述 CSS 样式表无法实现的功能。因此，XSL 在功能方面比 CSS 更灵活、更强大，它是显示 XML 文档的首选显示语言。

4．DSO

DSO 是 Data Source Object 的简称，含义是数据源对象。为了能够处理内部嵌入 XML 数据的 HTML 文档，Internet Explorer 4.0（简称 IE 4.0）及更高版本引入了 DSO 技术。DSO 是一个嵌入到 IE 浏览器中的 Microsoft ActiveX 控件，应用 DSO 技术既可以从外部 XML 文档提取数据，也可以从嵌入到 HTML 文档的 XML 数据中提取数据，然后应用 HTML 丰富的显示格式，给用户提供多样化的数据显示方式。

5．DOM

DOM 是 Document Object Model 的简称，含义是文档对象模型，它是 W3C（万维网联盟）推荐的标准。DOM 是一个独立于平台和语言的接口，其定义了访问 HTML 或 XML 文档的标准，它允许程序或脚本动态地访问、更新文档的内容、结构和样式。

除上述技术之外，与 XML 相关的技术还有 XML Schema、XLink、XPath 等，此处不作详细介绍。

1.6　XML 解析器

XML 解析器主要用来解析 XML 文档，它主要负责以下几个任务。

1）为应用程序提取 XML 文档中的数据，是 XML 文档和应用程序之间的桥梁。

2）检查 XML 文档是否严格遵守 XML 规范。

3）如果 XML 文档有 DTD 约束，XML 解析器还要检查文档的有效性。

4）若 XML 文档链接了控制元素内容显示的样式表文件，XML 解析器还要对样式表文件进行分析处理。

目前常用的 XML 解析器主要有 Microsoft MSXML、Xerces、Oracle XML Parser for Java 等。

1.7 XML 开发环境

XML 文档是一种基于文本的格式，因此可以使用任意一种文本编辑工具编辑，如记事本、写字板、Editplus、Altova XMLSpy、UltraEdit 等。本书选用 Altova XMLSpy 2013 简体中文版。Altova XMLSpy 是目前使用最广泛的 XML 编辑器和集成开发环境，支持 XML 文档编辑，同时提供强有力的样式表设计。

1.7.1 Altova XMLSpy 的安装

首先，下载软件 Altova XMLSpy 2013 简体中文版，然后按照提示步骤安装软件。

1）双击安装文件图标，打开如图 1-1 所示的安装向导界面。

2）在图 1-1 中，单击"下一步"按钮，系统开始读取安装包内容，读取完毕，弹出如图 1-2 所示的对话框。

图 1-1 安装向导界面

图 1-2 安装向导提示对话框

3）在图 1-2 中，单击"下一步"按钮，弹出如图 1-3 所示的对话框。

4）在图 1-3 中，单击选中单选按钮"I 接受许可协议和隐私政策的条款"，然后单击"下一步"按钮，弹出如图 1-4 所示的对话框。

5）在图 1-4 中，选择关联的文件类型，单击"下一步"按钮，弹出如图 1-5 所示的对话框。

6）在图 1-5 中，单击选中单选按钮"完成"（英文版中的"complete"翻译成"完成"不是很恰当，此处含义是完全安装），单击"下一步"按钮，弹出如图 1-6 所示的对话框。

7）在图 1-6 中，勾选"在桌面上"复选框（选中此项表示在桌面上显示应用程序图标），单击"安装"按钮，弹出如图 1-7 所示的显示安装进度的对话框。

8）安装完成后，弹出如图 1-8 所示的安装完成对话框，根据需要选择是否勾选复选框"下载附加组件"，单击"完成"按钮，Altova XMLSpy 2013 简体中文版安装完毕。

图 1-3　是否接受许可协议对话框

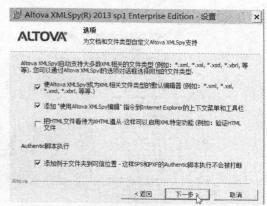

图 1-4　文件类型关联对话框

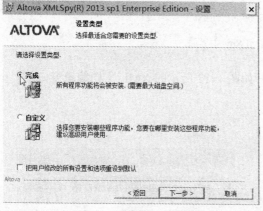

图 1-5　设置类型对话框

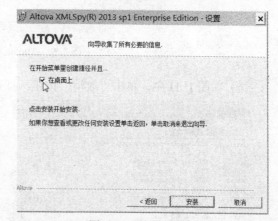

图 1-6　开始安装对话框

图 1-7　安装进度对话框

图 1-8　安装完成对话框

1.7.2　Altova XMLSpy 的使用

1）启动软件 Altova XMLSpy2013，打开如图 1-9 所示的 Altova XMLSpy 主界面。

2）在图 1-9 中，单击"文件"→"新建"菜单命令，弹出如图 1-10 所示的对话框。

3）在图 1-10 中，选择要创建的文件类型"xml Extensible Markup Language"，单击"确

定"按钮，弹出如图 1-11 所示的对话框。

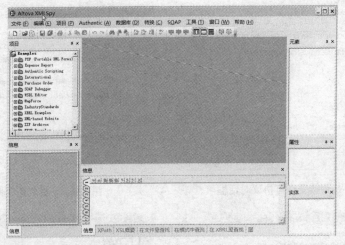

图 1-9　Altova XMLSpy 主界面

4）在图 1-11 中，单击"取消"按钮，打开如图 1-12 所示的 XML 文档编辑窗口。

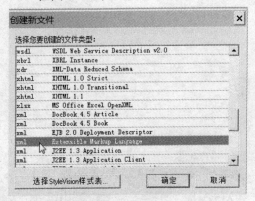

图 1-10　"创建新文件"对话框

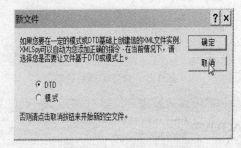

图 1-11　"新文件"对话框

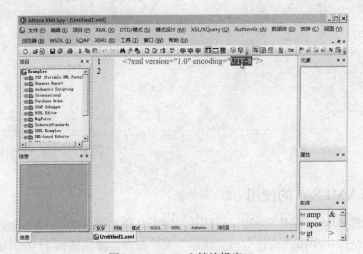

图 1-12　XML 文档编辑窗口

5）在图 1-12 中，第 1 行代码中的"UTF-8"是 XML 文档的默认编码方式，可以根据需要修改成简体中文字符编码"GB2312"，然后从第 2 行开始输入下面的代码。

```
<?xml version="1.0" encoding="GB2312"?>
<xmlDemo>
<title>Hello，XML！</title>
<author>rxz</author>
<date>2014/07/22</date>
<memo>这是我编写的第一个 xml 文件......</memo>
</xmlDemo>
```

6）保存文件，命名为 MyFirst.xml（XML 文档的扩展名必须是.xml）。

7）单击文档编辑窗口的"浏览器"选项卡，查看 MyFirst.xml 文件在浏览器中的显示结果，如图 1-13 所示。因为 XML 文档不包含数据的显示格式信息，所以在浏览器视图中看到的是 XML 源文件。

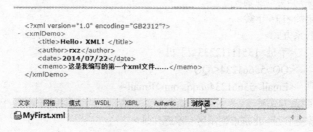

图 1-13 浏览器视图

1.8 实训

1．实训目标

1）掌握 Altova XMLSpy 软件的下载、安装方法（软件版本可以自行选择）。

2）掌握新建、保存 XML 文档的操作方法。

3）掌握查看 XML 文档显示结果的方法。

2．实训内容

1）下载、安装 Altova XMLSpy 软件。

2）新建 XML 文档并保存。

3）在"文字"视图下编辑 XML 文档。

4）在"浏览器"视图下查看 XML 文档显示结果。

3．实训步骤

1）下载 Altova XMLSpy 软件并安装。

2）启动 Altova XMLSpy 软件，新建 XML 文档。

3）编写 XML 文档，代码如下：

```
<?xml version="1.0" encoding="GB2312"?>
<学生列表>
```

```
<学生>
        <学号>142231101</学号>
        <姓名>张一</姓名>
        <性别>男</性别>
        <年龄>20</年龄>
        <联系方式>
                <手机>15501112233</手机>
                <QQ>66881234</QQ>
                <Email>66881234@qq.com</Email>
        </联系方式>
        <家庭住址>北京市海淀区</家庭住址>
</学生>
<学生>
        <学号>142231102</学号>
        <姓名>李三</姓名>
        <性别>男</性别>
        <年龄>19</年龄>
        <联系方式>
                <手机>13511112233</手机>
                <QQ>55661234</QQ>
                <Email>55661234@qq.com</Email>
        </联系方式>
        <家庭住址>北京市朝阳区</家庭住址>
</学生>
</学生列表>
```

4）保存文件，命名为 chap01.xml。

5）单击"浏览器"选项卡，在浏览器视图下查看显示结果，如图 1-14 所示。

图 1-14　浏览器视图显示结果

6）单击"文字"选项卡，切换到文字视图查看、编辑 chap01.xml 文件。

1.9 习题

1．简述 XML 的发展历程。
2．简述 XML 的设计目标。
3．简述 XML 的应用领域。
4．简述 XML 的相关技术。
5．在实训文件 chap01.xml 代码的基础上，将自己的个人信息按照"学生"元素的数据结构添加到文件 chap01.xml 中，然后重新执行实训步骤第 4）～6）步，在浏览器视图下查看显示结果。

第2章 XML 语法

XML 语法知识是学习和运用 XML 技术的前提，本章内容主要包括 XML 文档结构、元素、属性、特殊字符及 CDATA 区段的使用、XML 文档的良构性与有效性。

2.1 XML 文档结构

一个 XML 文档通常由文档序文和文档元素两部分组成。

1. 文档序文

文档序文是 XML 文档的开始，主要用来设定 XML 版本、字符编码方式、链接的外部资源等信息。

2. 文档元素

文档元素也被称为根元素，它是 XML 文档的主体，包含着真正的数据内容。整个 XML 文档是由根元素、根元素下的子元素及数据内容按照一定的逻辑结构组织而成。一个格式正确的 XML 文档有且只能有一个根元素。

【例 2-1】 认识 XML 文档结构。

（1）学习目标

1）理解 XML 文档的组成。

2）理解 XML 文档序文的构成部分。

3）理解 XML 根元素。

（2）编写 XML 文档

XML 文档代码如下：

```
<?xml version="1.0" encoding="GB2312" standalone="yes" ?> <!-- XML 文档声明 -->
<?xml-stylesheet type="text/css " href="ch2-cssdemo1.css" ?> <!-- XML 处理指令 -->
<!-- DTD 定义-->
<!DOCTYPE 学生列表 [
    <!ELEMENT 学生列表 (学生)+>
    <!ELEMENT 学生 (学号,姓名,性别,年龄,联系方式,家庭住址)>
    <!ELEMENT 联系方式 (手机,QQ,Email)>
    <!ELEMENT 学号 (#PCDATA)>
    <!ELEMENT 姓名 (#PCDATA)>
    <!ELEMENT 性别 (#PCDATA)>
    <!ELEMENT 年龄 (#PCDATA)>
    <!ELEMENT 手机 (#PCDATA)>
    <!ELEMENT QQ (#PCDATA)>
    <!ELEMENT Email (#PCDATA)>
    <!ELEMENT 家庭住址 (#PCDATA)>
```

```
        ]>
        <!--以上是文档序文部分-->
        <!--以下是文档元素部分-->
        <学生列表>
            <学生>
                    <学号>142231101</学号>
                    <姓名>张一</姓名>
                    <性别>男</性别>
                    <年龄>20</年龄>
                    <联系方式>
                        <手机>15501112233</手机>
                        <QQ>66881234</QQ>
                        <Email>66881234@qq.com</Email>
                    </联系方式>
                    <家庭住址>北京市海淀区</家庭住址>
            </学生>
            <学生>
                    <学号>142231102</学号>
                    <姓名>李三</姓名>
                    <性别>男</性别>
                    <年龄>19</年龄>
                    <联系方式>
                        <手机>13511112233</手机>
                        <QQ>55661234</QQ>
                        <Email>55661234@qq.com</Email>
                    </联系方式>
                    <家庭住址>北京市朝阳区</家庭住址>
            </学生>
        </学生列表>
```

代码说明：

① 第 1 行语句是 XML 文档必须有的声明语句，该语句用来指明 XML 的版本（1.0）、字符集编码（GB2312）及文档独立性（yes 表示独立）。

② 第 2 行语句是 XML 的处理指令，该指令表示用样式表文件 ch2-cssdemo1.css 格式化显示 XML 文档的数据内容。

③ <!DOCTYPE 学生列表 [......]>中的语句为内部 DTD 定义。

④ 该文档的根元素是"学生列表"元素，该元素下又包含了多个子元素。

⑤ 文件 ch2-cssdemo1.css 的代码如下：

```
body
{
    background-color: #ffffff;
    color: #000000;
}
```

（3）显示结果

【例 2-1】在浏览器中的显示结果如图 2-1 所示。因为 XML 文档链接了样式表文件，所以在浏览器中显示的是 XML 文档数据，而不再是 XML 文档的源代码。

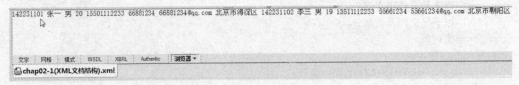

图 2-1　浏览器显示结果

2.2　XML 文档序文

XML 文档序文主要包含以下 4 部分。

1）XML 文档声明。

2）处理指令。

3）DTD 声明。

4）XML 注释。

2.2.1　XML 文档声明

XML 文档声明表示 XML 文档的开始，主要用来指明 XML 的版本、字符集编码方式及文档独立性等信息。一个格式正确的 XML 文档必须以 XML 文档声明开头。

XML 文档声明必须位于 XML 文档的第 1 行，前面不能有注释、空白或其他处理指令，其作用是告知浏览器或其他处理程序当前处理的文档是 XML 文档。

XML 文档声明的格式如下：

<?xml version="版本号" encoding="字符集编码" standalone="文档独立性" ?>

说明：

① 文档声明以"<?xml"开始，以"?>"结束，"<"与"?"之间、"<?"与"xml"之间都不能存在空格，否则在保存文档时将会弹出如图 2-2 和图 2-3 所示的错误信息。

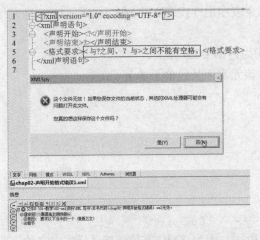

图 2-2　声明格式错误提示信息 1

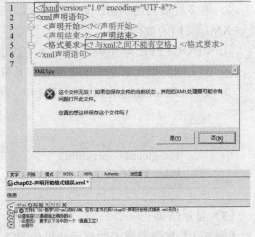

图 2-3　声明格式错误提示信息 2

② 属性 version 指明 XML 的版本号，目前 XML1.1 标准是最新标准，但是推荐使用 XML1.0 标准。version 属性必须是 XML 文档声明的第 1 个属性，并且在任何时候都不能省略。如果把 version 属性放在第 2 个位置，在保存文档时，将会弹出如图 2-4 所示的错误信息。如果省略 version 属性，在保存文档时则会弹出如图 2-5 所示的错误信息。

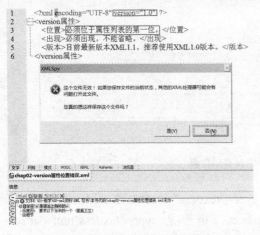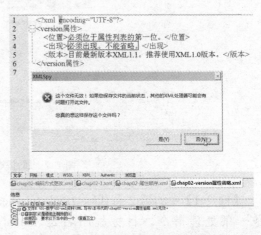

图 2-4　version 位置错误提示信息　　　　图 2-5　version 省略的错误提示信息

③ 属性 encoding 表示 XML 文档采用的字符集编码，默认值为 UTF-8。应用者可以根据需要修改字符集编码方式，如图 2-6 所示，GB2312 表示简体中文字符集编码。encoding 属性不是必须的，可以省略。

图 2-6　更改字符集编码

④ 属性 standalone 表示 XML 文档的独立性，该属性只有 yes 或 no 两个值，默认值是 no。值 yes 表示文档是独立的，说明在 XML 文档中没有引用外部文件，而值 no 代表的含义与之相反。standalone 属性不是必须的，可以省略。

⑤ 如果 encoding 属性和 standalone 属性同时出现，那么 encoding 属性必须位于 standalone 属性的前面。如果把 encoding 属性放在 standalone 属性的后面，在保存文档时将会弹出如图 2-7 所示的错误信息。

2.2.2　XML 处理指令

XML 处理指令为处理 XML 文档的应用程序提供信息，使其能够正确处理和显示文档。XML 处理指令的格式如下：

<?目标程序名 指令 ?>

其中，目标程序名是指对 XML 文档进行数据处理的应用程序名称，指令包含传递给应用程序的信息和命令。

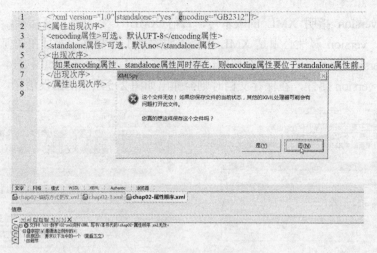

图 2-7　属性次序错误提示信息

　　【例 2-1】中的第 2 行代码<?xml-stylesheet type="text/css" href="ch2-cssdemo1.css" ?>就是一条处理指令，目标程序名是 xml-stylesheet，指令是 type="text/css"href="ch2css-demo1.css"。该指令表示用 CSS 样式表文件 ch2-cssdemo1.css 格式化显示 XML 文档数据。

　　说明：

　　① XML 处理指令以"<?目标程序名"开始，以"?>"结束。"<"与"?"之间、"<?"与"目标程序名"之间都不能存在空格。

　　② 处理指令的位置：如图 2-8 所示的文档序文部分（放置处理指令最普遍的位置）、如图 2-9 所示的文档元素后、如图 2-10 所示的文档元素内容中。

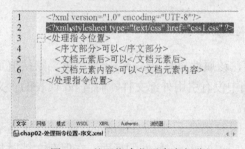

图 2-8　处理指令位于序文部分

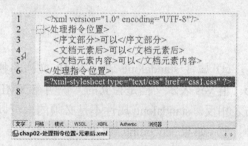

图 2-9　处理指令位于文档元素后

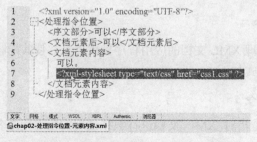

图 2-10　处理指令位于文档元素内容中

2.2.3 XML 注释

XML 注释主要用于对某些语句进行提示或说明,其作用是增加文档的可读性和清晰性。XML 解析器在处理文档的过程中会忽略文档中的注释语句,不对其做任何处理。

XML 注释的格式如下:

<!-- 注释内容 -->

说明:

① XML 文档注释以"<!--"开始,以"-->"结束。"<"与"!--"之间、"--"与">"之间、"-"与"-"之间都不能存在空格。

② 注释可以放在文档序文部分,如图 2-11 所示;注释也可以放在元素内容中,如图 2-12 所示。

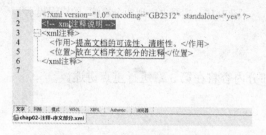

图 2-11 注释在文档序文部分

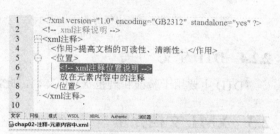

图 2-12 注释在元素内容中

③ 注释不能放在元素标记内,否则在保存文件时将会弹出如图 2-13 所示的错误信息。

④ 注释不能嵌套。如果一个注释嵌套在另一个注释内,在保存文件时将会弹出如图 2-14 所示的错误信息。

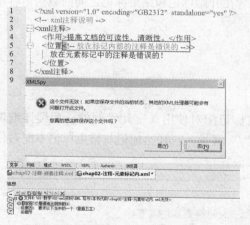

图 2-13 注释在标记内的错误提示

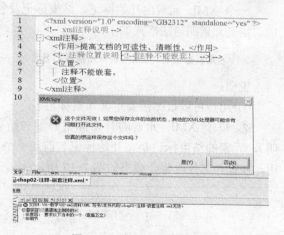

图 2-14 注释嵌套的错误提示

⑤ 注释不能位于 XML 文档声明语句的前面,否则在保存文件时将会弹出如图 2-15 所示的错误信息。

⑥ 注释内容中不能含有两个连续的"--"符号,否则在保存文件时将会弹出如图 2-16 所示的错误信息。

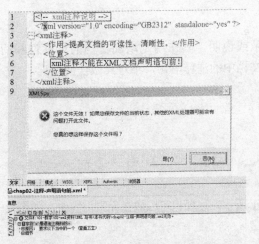

图 2-15 注释在声明语句前的错误提示 　　　图 2-16 注释中出现两个连续--的错误提示

2.2.4　DTD 定义

DTD 主要用于验证和规范 XML 文档，此部分内容将在第 3 章进行重点讲述。

2.3　XML 文档元素

元素是 XML 文档最基本的要素。一个 XML 元素包含元素标记名称、元素内容、元素属性等内容。元素的内容既可以是纯数据内容，也可以是子元素。

2.3.1　元素定义

一个 XML 元素由开始标记、结束标记及包含在开始标记和结束标记之间的数据内容组成。定义元素的语法格式如下：

<元素标记名>元素内容</元素标记名>

说明：

① 用户可以根据需要定义元素标记名。

② 每个 XML 元素的开始标记必须与结束标记配对使用（空元素例外，后续详细说明），元素的结束标记是在开始标记名前加一个 "/" 符号。若开始标记与结束标记不配对使用，在保存文件时将会弹出如图 2-17 所示的错误信息。

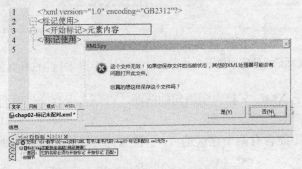

图 2-17　标记未配对使用的错误提示

③ 元素标记可以嵌套使用，但是不能交叉使用。图 2-18 所示是正确的元素嵌套，而图 2-19 所示则是错误的元素嵌套。

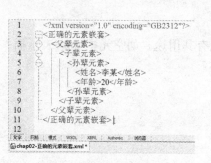

图 2-18　正确的元素嵌套

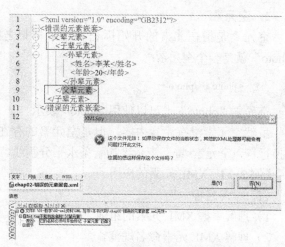

图 2-19　错误的元素嵌套

2.3.2　元素命名规范

XML 元素标记名就是元素的名称，为元素命名时需遵循以下规范。

1）元素标记名必须以字母、下画线或汉字开头，可以包含字母、数字、下画线、句点、连字符。如 myxml、_name、myfile-2014.07.29 等都是合法的元素标记名；2files、-name 则是非法的元素标记名。

2）元素标记名中不能含有空格，如 my xml 就是非法的元素标记名。

3）元素标记名区分大小写，如 myxml 与 Myxml 是两个不同的元素标记名。

2.3.3　元素类型

根据 XML 元素的开始标记和结束标记之间是否有元素内容，可以把 XML 元素分为非空元素和空元素两种。

1．非空元素

非空元素是指在元素的开始标记和结束标记之间有元素内容，元素内容可以是纯数据内容，也可以是包含的多个子元素。例如下面定义的元素"学生"就是一个非空元素：

```
<学生>
    <学号>142231101</学号>
    <姓名>张一</姓名>
    <性别>男</性别>
    <年龄>20</年龄>
    <联系方式>
        <手机>15501001234</手机>
        <QQ>66881234</QQ>
        <Email>66881234@qq.com</Email>
    </联系方式>
```

```
            <家庭住址>北京市海淀区</家庭住址>
        </学生>
```

2. 空元素

空元素是指在元素的开始标记和结束标记之间没有元素内容。例如下面定义的元素"photo"就是一个空元素：

```
        <photo> </photo>
```

空元素"photo"也可以使用<photo/>表示。

虽然空元素没有元素内容，但是空元素的存在也有其用途。如空元素
表示插入一个换行符，空元素<hr />表示添加一条水平分割线。

【例2-2】 XML元素的应用。

（1）学习目标

1）理解掌握XML元素的组成。

2）理解XML元素命名规范。

3）理解掌握XML元素的类型。

4）理解掌握元素的嵌套。

5）理解父元素、子元素的概念。

（2）编写XML文档

```
        <?xml version="1.0" encoding="GB2312"?>
        <学生列表>
        <校区>
            <校区名>东区</校区名>
            <班级>
                <班级名>1422311</班级名>
                <学生>
                    <学号>142231101</学号>
                    <姓名>张一</姓名>
                    <性别>男</性别>
                    <年龄>20</年龄>
                    <联系方式>
                        <手机>15501001234</手机>
                        <QQ>66881234</QQ>
                        <Email>66881234@qq.com</Email>
                    </联系方式>
                    <家庭住址>北京市海淀区</家庭住址>
                </学生>
                <学生>
                    <学号>142231102</学号>
                    <姓名>李三</姓名>
                    <性别>男</性别>
                    <年龄>19</年龄>
```

```
            <联系方式>
                <手机>13511112233</手机>
                <QQ>55661234</QQ>
                <Email>55661234@qq.com</Email>
            </联系方式>
            <家庭住址>北京市朝阳区</家庭住址>
        </学生>
    </班级>
    <班级>
        <班级名>1422312</班级名>
        <学生>
            <学号>142231201</学号>
            <姓名>李一</姓名>
            <性别>男</性别>
            <年龄>20</年龄>
            <联系方式>
                <手机>15301112233</手机>
                <QQ>56781234</QQ>
                <Email>56781234@qq.com</Email>
            </联系方式>
            <家庭住址>北京市丰台区</家庭住址>
        </学生>
        <学生>
            <学号>142231202</学号>
            <姓名>张莉</姓名>
            <性别>女</性别>
            <年龄>19</年龄>
            <联系方式>
                <手机>13311112233</手机>
                <QQ>77881234</QQ>
                <Email>77881234@qq.com</Email>
            </联系方式>
            <家庭住址>北京市昌平区</家庭住址>
        </学生>
    </班级>
  </校区>
</学生列表>
```

（3）显示结果

【例 2-2】在浏览器中的显示结果如图 2-20 所示。单击元素开始标记前的符号"-"可以收缩元素的结构显示，元素结构显示收缩后符号"-"变成符号"+"，再次单击符号"+"将展开元素结构的显示。此例中将第二个"班级"元素结构收缩，所以第二个"班级"元素前的符号是"+"。

```
<?xml version="1.0" encoding="GB2312"?>
- <学生列表>
  - <校区>
      <校区名>东区</校区名>
    - <班级>
        <班级名>1422311</班级名>
      - <学生>
          <学号>142231101</学号>
          <姓名>张一</姓名>
          <性别>男</性别>
          <年龄>20</年龄>
        - <联系方式>
            <手机>15501001234 </手机>
            <QQ>66881234 </QQ>
            <Email>66881234 @qq.com</Email>
          </联系方式>
          <家庭住址>北京市海淀区</家庭住址>
      </学生>
      - <学生>
          <学号>142231102</学号>
          <姓名>李三</姓名>
          <性别>男</性别>
          <年龄>19</年龄>
        - <联系方式>
            <手机>13511112233 </手机>
            <QQ>55661234 </QQ>
            <Email>55661234 @qq.com</Email>
          </联系方式>
          <家庭住址>北京市朝阳区</家庭住址>
      </学生>
    </班级>
    + <班级>
  </校区>
</学生列表>
```

图 2-20　元素的应用

2.4　XML 元素属性

XML 元素属性是元素的可选组成部分，主要用来描述元素具有的一些特性。

2.4.1　属性定义

XML 元素分为非空元素和空元素，所以属性定义也分为非空元素的属性定义和空元素的属性定义。

1．非空元素的属性定义

非空元素的属性定义格式如下：

<元素标记名 属性名 1="属性值 1"　属性名 2="属性值 2" ...>元素内容</元素标记名>

说明：

① 元素的属性必须定义在元素的开始标记内。

② 每个元素属性必须以"属性名="属性值""的形式成对出现，如果属性缺少属性值，保存文件时将会提示如图 2-21 所示的错误信息。

③ 属性名和属性值之间必须用符号"="连接。

④ 属性值必须用半角的单引号或者双引号括起来，否则保存文件时将会提示如图 2-22 所示的错误信息。

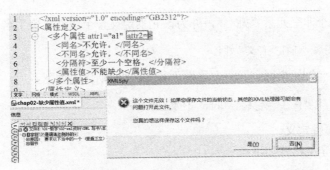

图 2-21　缺少属性值错误信息

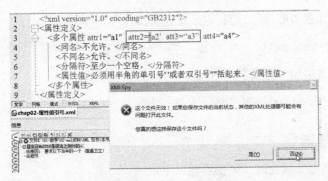

图 2-22　全角单双引错误信息

⑤ 可以为一个元素定义多个属性，但是属性名称不能重复，否则保存文件时将会提示如图 2-23 所示的错误信息。

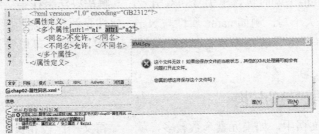

图 2-23　同名属性错误信息

⑥ 一个元素的多个属性之间必须用至少一个空格间隔，否则保存文件时将会提示如图 2-24 所示的错误信息。

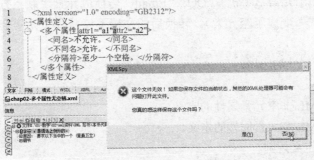

图 2-24　属性之间无空格错误信息

例如，定义一个非空元素"姓名"，并为该元素定义一个属性"曾用名"，代码如下：

```
<姓名 曾用名="任袆">任义</姓名>
```

如果要为"姓名"元素再定义一个属性"英文名"，则代码如下：

```
<姓名 曾用名="任袆" 英文名="John">任义</姓名>
```

2. 空元素的属性定义

空元素的属性定义格式如下：

<元素标记名 属性名 1="属性值 1"　属性名 2="属性值 2" ... />

例如，定义空元素"照片"，为其定义属性"文件"，代码如下：

```
<照片 文件="ch02.jpg" />
```

为"照片"元素添加"宽度"、"高度"属性，代码如下：

```
<照片 文件="ch02.jpg" 宽度="200"　高度="150"/>
```

2.4.2　属性定义规则

在为 XML 元素定义属性时，需要遵循以下规则。

1）属性名的命名规则同元素命名规则。

2）属性值必须用半角的单引号或者双引号括起来。如果属性值本身含有双引号，那么属性值只能用单引号括起来；如果属性值本身含有单引号，那么属性值只能用双引号括起来。但是，如果属性值中同时包含单引号和双引号，其解决办法将在第 2.5 节中进行介绍。

3）属性名区分大小写，例如 name 属性与 Name 属性是两个不同的属性。

4）如果属性值中含有这几个字符 "<""">""&""'""""，可以使用第 2.5 节介绍的方法。

2.4.3　元素内容与属性的转换

在一个 XML 文档中，如果元素个数较多，就会显得文档比较冗长，而且结构也会变得比较复杂。在这种情况下，可以考虑把某些不重要的元素内容转换为元素属性。

例如，在【例 2-2】的 XML 文档中，可以把元素"校区"的子元素"校区名"转换成元素"校区"的属性，把元素"班级"的子元素"班级名"转换成元素"班级"的属性，把元素"联系方式"的子元素"手机""QQ""Email"转换成元素"联系方式"的属性（转换后的元素"联系方式"变成了空元素）。转换后的文档不仅减少了元素个数，而且文档结构显得更加简洁。

【例 2-3】　元素属性的应用。

（1）学习目标

1）理解掌握 XML 非空元素属性的定义。

2）理解掌握 XML 空元素属性的定义。

3）理解属性的定义规则。

4）理解掌握元素内容与属性的转换。

（2）编写 XML 文档

XML 文档代码如下：

```xml
<?xml version="1.0" encoding="GB2312"?>
<学生列表>
    <校区 校区名="东区">
        <班级 班级名="1422311">
            <学生>
                <学号>142231101</学号>
                <姓名>张一</姓名>
                <性别>男</性别>
                <年龄>20</年龄>
                <联系方式 手机="15501001234" QQ="66881234" Email="66881234@qq.com" />
                <家庭住址>北京市海淀区</家庭住址>
            </学生>
            <学生>
                <学号>142231102</学号>
                <姓名>李三</姓名>
                <性别>男</性别>
                <年龄>19</年龄>
                <家庭住址>北京市朝阳区</家庭住址>
            </学生>
        </班级>
        <班级 班级名="1422312" >
            <学生>
                <学号>142231201</学号>
                <姓名>李一</姓名>
                <性别>男</性别>
                <年龄>20</年龄>
                <联系方式 手机="15301112233" QQ="56781234" Email="56781234@qq.com" />
                <家庭住址>北京市丰台区</家庭住址>
            </学生>
            <学生>
                <学号>142231202</学号>
                <姓名>张莉</姓名>
                <性别>女</性别>
                <年龄>19</年龄>
                <联系方式 手机="13311112233" QQ="77881234" Email="71881234@qq.com" />
                <家庭住址>北京市昌平区</家庭住址>
            </学生>
        </班级>
    </校区>
</学生列表>
```

（3）显示结果

【例 2-3】在浏览器中的显示结果如图 2-25 所示。与【例 2-2】的显示结果比较，元素嵌套层次减少，文档结构显得更加简洁。

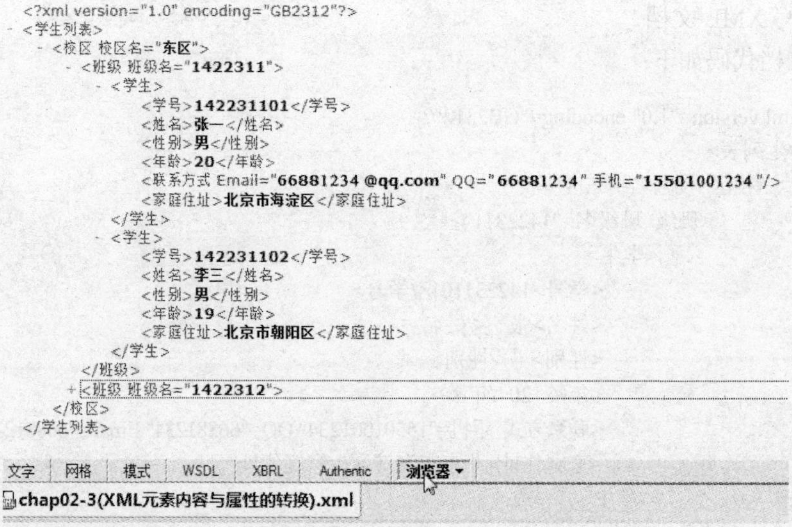

```
<?xml version="1.0" encoding="GB2312"?>
- <学生列表>
  - <校区 校区名="东区">
    - <班级 班级名="1422311">
      - <学生>
          <学号>142231101</学号>
          <姓名>张一</姓名>
          <性别>男</性别>
          <年龄>20</年龄>
          <联系方式 Email="66881234 @qq.com" QQ="66881234" 手机="15501001234 "/>
          <家庭住址>北京市海淀区</家庭住址>
        </学生>
      - <学生>
          <学号>142231102</学号>
          <姓名>李三</姓名>
          <性别>男</性别>
          <年龄>19</年龄>
          <家庭住址>北京市朝阳区</家庭住址>
        </学生>
      </班级>
    + <班级 班级名="1422312">
    </校区>
  </学生列表>
```

文字　网格　模式　WSDL　XBRL　Authentic　浏览器 ▾

chap02-3(XML元素内容与属性的转换).xml

图 2-25　元素属性的应用

2.5　特殊字符编码

在 XML 文档中，符号"<""">""&""'""""被称为特殊字符，之所以称这 5 个字符为特殊字符，是因为它们在 XML 文档中具有特别的用途，不能直接在文档中使用它们。如果文档中需要包含特殊字符，那么可以使用与之对应的特殊字符编码（也称预定义实体引用）来代替文档中出现的特殊字符。表 2-1 列出了 5 个特殊字符及其对应的编码。

表 2-1　XML 的特殊字符编码

特 殊 字 符	对应的字符编码	特殊字符编码原因
<	&lt;	标记的开始字符
>	&gt;	标记的结束字符
&	&amp;	特殊字符编码的开头字符
'	&apos;	属性值的定界符
"	&quot;	属性值的定界符

【例 2-4】　XML 特殊字符的应用。

（1）学习目标

1）了解 XML 特殊字符编码的原因。

2）理解掌握 XML 特殊字符对应的字符编码。

3）掌握 XML 特殊字符编码的应用。

（2）编写 XML 文档

```
<?xml version="1.0" encoding="GB2312"?>
<特殊字符编码应用>
```

<图书>
    <书名><XML 实践></书名>
    <作者>王一&刘二</作者>
    <出版时间>'2011-09'</出版时间>
    <简介>
    此书由"天空出版社"出版，在出版过程中得到了各位同仁的大力帮助，谢谢！
    </简介>
</图书>
</特殊字符编码应用>

（3）显示结果

【例 2-4】在浏览器中的显示结果如图 2-26 所示。

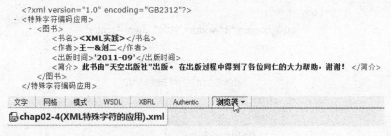

图 2-26　特殊字符的应用

2.6　CDATA 区段

XML 的特殊字符编码主要用于解决 XML 文档中出现少量特殊字符的问题。如果在 XML 文档的一段文本数据中包含了大量的特殊字符，此时若使用特殊字符编码方式，将会耗费很大的精力进行转换，而且转换之后的文档的可读性和清晰性将会变差。在这种情况下，可以使用 CDATA 区段解决这个问题。

CDATA 区段可以包含大段文本数据，包含的文本不会被 XML 解析器解析，XML 解析器把 CDATA 区段包含的内容当作普通的文字数据进行处理，并原封不动地将这些文字数据传递给应用程序。

CDATA 区段的定义格式如下：

```
<![CDATA[
    文本数据。
    此处可以随意输入任何数据，包括输入特殊字符<、>、&、'、"。
]]>
```

说明：

① CDATA 区段必须以"<![CDATA["开始，"CDATA"必须大写。

② CDATA 区段不能嵌套使用，即 CDATA 区段内不能再包含 CDATA 区段。

③ 只要是有元素内容的地方，就可以放置 CDATA 区段。

④ CDATA 区段不能放在元素标记内。

【例 2-5】 CDATA 区段的应用。

（1）学习目标

1）了解 CDATA 区段的应用场合。

2）掌握 CDATA 区段的定义格式。

3）掌握 CDATA 区段的应用。

（2）编写 XML 文档

```xml
<?xml version="1.0" encoding="GB2312"?>
<CDATA 区段的应用>
    <![CDATA[
        <html>
            <head><title>CDATA 区段的应用</title></head>
            <body>
                <table border="1" width="90%" align="center">
                    <tr>
                        <th>特殊字符</th>
                        <th>对应的字符编码</th>
                    </tr>
                    <tr>
                        <td><<</td>
                        <td>&lt;</td>
                    </tr>
                    <tr>
                        <td>></td>
                        <td>&gt;</td>
                    </tr>
                    <tr>
                        <td>&</td>
                        <td>&amp;</td>
                    </tr>
                    <tr>
                        <td>'</td>
                        <td>&apos;</td>
                    </tr>
                    <tr>
                        <td>"</td>
                        <td>&quot;</td>
                    </tr>
                </table>
            </body>
        </html>
        ]]>
</CDATA 区段的应用>
```

（3）显示结果

【例 2-5】在浏览器中的显示结果如图 2-27 所示。此例中包含了大量的特殊字符"<"

和 ">"，如果使用特殊字符编码，工作量将非常巨大，而使用 CDATA 区段则可以轻松地包含大量特殊字符。从显示结果可以看出，CDATA 区段将其包含的内容都视同为普通的字符数据显示在浏览器中。

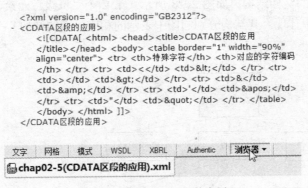

图 2-27　CDATA 区段的应用

2.7　XML 文档的良构性与有效性

如果一个 XML 文档满足了以下规则，就称该文档具有良构性，或者说该文档是格式良好的。

1）XML 文档必须以 XML 声明语句开始，前面不能有任何语句。

2）XML 文档有且仅有一个根元素，文档中的其他元素都是这个根元素的子元素。

3）XML 元素的开始标记和结束标记必须成对出现。

4）XML 元素嵌套正确，不能交叉使用。

5）XML 元素要正确使用属性，属性名和属性值必须成对出现，属性值必须用半角的单引号或双引号括起来。

6）XML 空元素也必须正确结束。

7）XML 文档要根据需要正确使用实体引用。

8）XML 文档中的元素标记名、属性名、处理指令等要严格区分大小写。

如果一个 XML 文档满足以上规则，就是格式良好的文档，这样的文档才能被 XML 解析器正确解析，继而交给相关的应用程序处理。

一个有效的 XML 文档，首先必须是一个格式良好的 XML 文档，在此基础上，该文档还必须符合某个 DTD 或 XML Schema 定义的规则。如果 XML 文档与 DTD 或 XML Schema 中定义的规则一致，则称该 XML 文档是有效的，否则该文档就不具备有效性。因此，有效的 XML 文档一定是格式良好的文档，而格式良好的 XML 文档不一定是有效的文档。

2.8　XML 文档结构树

在一个格式正确的 XML 文档中，根元素有且仅有一个，根元素可以包含多个子元素，各个子元素又可以包含多个子元素……按照 XML 文档中元素的嵌套关系，文档中的所有元素可以表示为一棵倒立的树，树根是 XML 文档根元素，根元素下的各个元素按照层次关系分别构成该树的树枝、树叶，这棵树也被称为 XML 文档结构树。

【例 2-2】对应的文档结构树如图 2-28 所示（第 2 个"班级"元素、第 2 个"学生"元素的结构没有在图中体现，其结构分别同图中表示的相应元素的结构）。

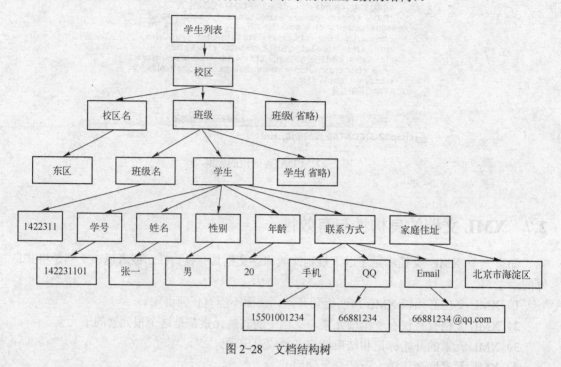

图 2-28　文档结构树

2.9　实训

1．实训目标

1）了解 XML 文档结构。

2）理解 XML 文档序文的组成。

3）理解 XML 文档元素。

4）掌握元素的定义、命名规范、类型。

5）掌握元素属性的定义、定义规则。

6）理解掌握元素内容与属性的转换应用。

7）理解掌握特殊字符编码的应用。

8）掌握文档结构树的应用。

2．实训内容

根据图 2-29 所示的文档结构树，创建一个符合条件的 XML 文档，在浏览器查看显示结果。

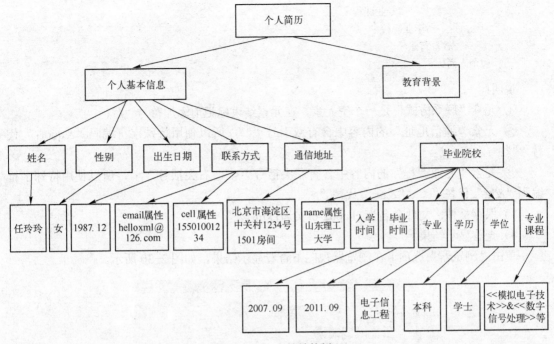

图 2-29　文档结构树

3．实训步骤

1）分析文档结构树。

分析文档结构树，明确元素之间的嵌套关系。

2）编写 XML 文档。

```
<?xml version="1.0" encoding="GB2312"?>
<个人简历>
    <个人基本信息>
        <姓名>任玲玲</姓名>
        <性别>女</性别>
        <出生日期>1987.12</出生日期>
        <联系方式    email="hellolxml@126.com" cell="15501001234"/>
        <通信地址>
            北京市海淀区中关村 1234 号&quot;1501&quot;房间
        </通信地址>
    </个人基本信息>
<教育背景>
    <毕业院校  name="山东理工大学">
        <入学时间>2007.09</入学时间>
        <毕业时间>2011.09</毕业时间>
        <专业>电子信息工程</专业>
        <学历>本科</学历>
        <学位>学士</学位>
        <专业课程>
            &lt;&lt;模拟电子技术&gt;&gt;&amp;&lt;&lt;数字信号处理&gt;&gt;等
```

31

```
        </专业课程>
      </毕业院校>
    </教育背景>
  </个人简历>
```

说明：

① 元素"联系方式"是一个空元素，在元素结束标记前添加符号"/"。

② 元素"通信地址"的内容中含有双引号"""，所以使用特殊字符编码"""代替"""。

③ 元素"专业课程"的内容中含有左尖括号"<"、右尖括号">"，所以使用特殊字符编码"<"代替"<"、">"代替">"。

3）保存文件，文件命名为 chap02-6(实训).xml。

4）查看显示结果。

单击"浏览器"选项卡在浏览器视图下查看显示结果，如图 2-30 所示。

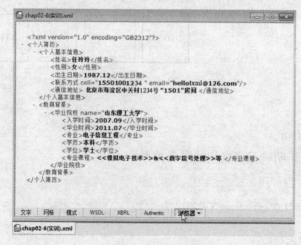

图 2-30　实训显示结果

2.10　习题

1．简述 XML 文档结构。

2．简述 XML 元素的分类。

3．简述 XML 元素的命名规范。

4．简述 XML 元素属性的定义规则。

5．将下面的数据用一个 XML 文档表示出来，要求该文档是格式良好的。

学号：142231101

姓名：张一

性别：男

年龄：20

联系方式：手机：15501001234；QQ：66881234；Email：66881234@qq.com

学号：142231102
姓名：李四
性别：男
年龄：19
联系方式：手机：13511001234；QQ：55881234；Email：55881234@qq.com

6. 在本章实训的基础上，在"教育背景"元素下添加子元素"毕业院校"，添加的信息如下。

毕业院校：华北电力大学
入学时间：2011.09
毕业时间：2014.03
专业：通信与信息系统
学历：研究生
学位：硕士
专业课程：<<通信工程>>&<<通信原理等>>等

7. 创建一个保存图书信息的 XML 文档，要求存放图书名称、作者、出版社（包括出版社名称、联系方式等信息）、版次、定价、内容简介等信息。

第3章　使用 DTD 规范 XML 文档

一个有效的 XML 文档，首先必须是一个格式良好的 XML 文档，在此基础上，该文档还必须符合某个 DTD 所定义的规则。所谓 DTD，是文档类型定义的简称。本章的主要内容包括：DTD 的基本结构、DTD 分类与引用、DTD 对元素和属性的声明、实体的基本概念与分类。

3.1　DTD 概述

DTD 是 Document Type Definition 的简写，其含义是文档类型定义。

3.1.1　DTD 简介

使用 XML 文档交换数据，是 XML 最重要的应用之一。XML 允许应用者根据需要定义标记，但是如果进行数据交换的双方在数据交换前，没有对传递的 XML 数据元素规定一个统一的规范，那么在数据交互、解析的过程中就会出现问题。

例如，某学院的南校区和东校区要应用 XML 文档交换数据，南校区的 XML 文档中使用元素"学号"表示学生的学号，而东校区使用元素"No"表示学生的学号，那么当使用同一个 XML 处理程序处理这两个 XML 文档时，因为两个校区的学生学号表示方式不同，必将有一个校区的学生信息处理失败。因此，利用 XML 文档进行数据交换的双方，在数据交换前应该对文档中的元素表示制定一个统一的规范和约定。这种对 XML 文档所作的规范和约定就是 DTD，即文档类型定义，DTD 的应用可以确保 XML 文档的一致性和有效性。

3.1.2　DTD 的作用

DTD 是一组语法规范，主要用来规定 XML 文档的数据逻辑结构，并规定文档中元素、属性、实体的相关控制信息。一个格式良好的 XML 文档，只有符合相应的 DTD 验证，才是一个有效的 XML 文档。DTD 的主要作用如下：

1）为 XML 文档提供统一的格式，便于 XML 文档的标准化。

2）验证 XML 文档数据的有效性，保证数据的正确性和有效性。

3）保证数据交换和共享的顺利进行。

4）不依赖具体的数据即可获知 XML 文档的逻辑结构。

3.1.3　DTD 的分类

DTD 分为内部 DTD 和外部 DTD。

1. 内部 DTD

内部 DTD 是把对元素、属性及实体声明的语句直接放在 XML 文档中，XML 文档必须按照该 DTD 的约束进行定义才是一个有效的文档。在 XML 文档中定义内部 DTD 的语法格式如下：

> **<!DOCTYPE 根元素名 [**
> **元素声明语句**
> **属性声明语句（可选）**
> **实体声明语句（可选）**
> **]>**

说明：

① 内部 DTD 的定义语句都必须包含在文档类型声明语句 "<!DOCTYPE 根元素名 [...]>" 中，"<!DOCTYPE" 后的 "根元素名" 就是 XML 文档根元素的名字。

② 文档类型声明语句的作用是把 DTD 引入到 XML 文档中，它必须位于 XML 文档声明语句之后、XML 文档根元素定义之前。

③ 在内部 DTD 中，元素声明语句是必需的，而属性声明语句、实体声明语句根据需要声明。

【例 3-1】 内部 DTD 的基本结构。

（1）学习目标

1）理解 DTD 的基本概念。

2）了解内部 DTD 的基本结构。

3）了解 DTD 对元素的声明、DTD 对属性的声明。

5）了解内部 DTD 约束下 XML 文档的编写。

（2）定义内部 DTD 并编写 XML 文档

文件代码如下：

```
<?xml version="1.0" encoding="GB2312" standalone="yes"?>
<!--内部 DTD 的基本结构 -->
<!-- FileName: ch03-1(内部 DTD 的基本结构).xml -->
<!--内部 DTD 的定义 -->
<!DOCTYPE 联系人列表 [
<!--元素的声明 -->
<!ELEMENT 联系人列表 (家人,朋友,同事)>
<!ELEMENT 家人 (姓名,性别,年龄,联系方式)>
<!ELEMENT 朋友 (姓名,性别,年龄,联系方式)>
<!ELEMENT 同事 (姓名,性别,年龄,联系方式)>
<!ELEMENT 姓名 (#PCDATA)>
<!ELEMENT 性别 (#PCDATA)>
<!ELEMENT 年龄 (#PCDATA)>
<!ELEMENT 联系方式 EMPTY>
<!--属性的声明 -->
<!ATTLIST 联系方式
    手机 CDATA #REQUIRED
    电子邮件 CDATA #IMPLIED
>
<!-- XML 文档内容定义 -->
```

```
<联系人列表>
    <家人>
        <姓名>丁丁</姓名>
        <性别>男</性别>
        <年龄>25</年龄>
        <联系方式 手机="15051122334" />
    </家人>
    <朋友>
        <姓名>思郎</姓名>
        <性别>男</性别>
        <年龄>26</年龄>
        <联系方式 手机="13041122334" 电子邮件="silang@126.com" />
    </朋友>
    <同事>
        <姓名>秦一</姓名>
        <性别>男</性别>
        <年龄>27</年龄>
        <联系方式 手机="18821122334" 电子邮件="yiqin@sina.com" />
    </同事>
</联系人列表>
```

说明：

① XML 声明语句中属性 standalone 的值为"yes"，表示该文档是独立的，没有使用外部 DTD。

② 包含在"<!DOCTYPE 联系人列表 [...]>"中的内容是内部 DTD 的定义部分。

③ 以"<!ELEMENT"开头的语句为元素声明语句，该语句定义 XML 文档元素。

以下语句表示定义元素"联系人列表"，其下包含 3 个子元素："家人""朋友""同事"，且 3 个子元素必须按照给出的顺序出现。

```
<!ELEMENT 联系人列表 (家人,朋友,同事)>
```

而以下语句则表示定义元素"姓名"，该元素内容只能为字符数据（#PCDATA 代表字符数据）。

```
<!ELEMENT 姓名 (#PCDATA)>
```

④ 以下代码定义元素"联系方式"是一个空元素（EMPTY 代表空元素）。

```
<!ELEMENT 联系方式 EMPTY>
```

⑤ 以"<!ATTLIST"开头的语句为属性列表声明语句，可以定义元素属性。

以下语句为元素"联系方式"定义两个属性："手机""电子邮件"，其中属性"手机"的数据类型是"CDATA"，属性的附加声明"#REQUIRED"表示该属性是元素"联系方式"必须具有的属性；属性"电子邮件"的数据类型是"CDATA"，属性的附加声明"#IMPLIED"表示该属性是元素"联系方式"可以有也可以没有的可选属性。

```
<!ATTLIST 联系方式 手机 CDATA #REQUIRED  电子邮件 CDATA #IMPLIED>
```

（3）显示结果

【例 3-1】在浏览器中的显示结果如图 3-1 所示。

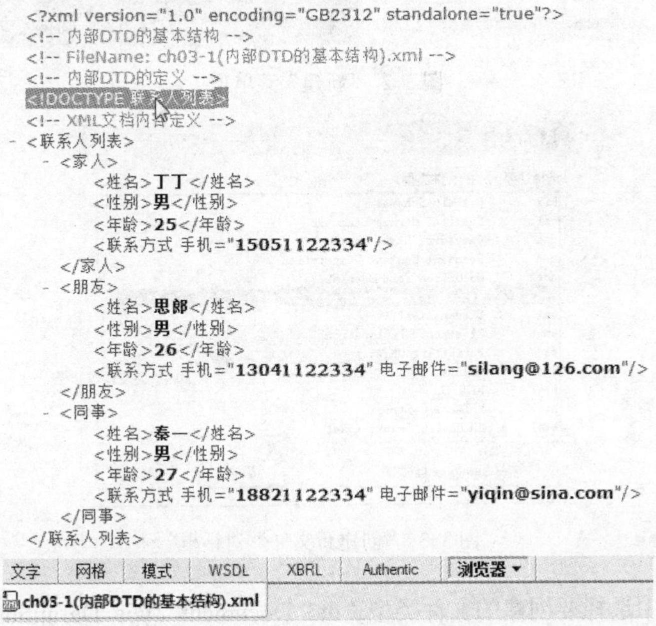

```
<?xml version="1.0" encoding="GB2312" standalone="true"?>
<!-- 内部DTD的基本结构 -->
<!-- FileName: ch03-1(内部DTD的基本结构).xml -->
<!-- 内部DTD的定义 -->
<!DOCTYPE 联系人列表>
<!-- XML文档内容定义 -->
- <联系人列表>
  - <家人>
      <姓名>丁丁</姓名>
      <性别>男</性别>
      <年龄>25</年龄>
      <联系方式 手机="15051122334"/>
    </家人>
  - <朋友>
      <姓名>思郎</姓名>
      <性别>男</性别>
      <年龄>26</年龄>
      <联系方式 手机="13041122334" 电子邮件="silang@126.com"/>
    </朋友>
  - <同事>
      <姓名>秦一</姓名>
      <性别>男</性别>
      <年龄>27</年龄>
      <联系方式 手机="18821122334" 电子邮件="yiqin@sina.com"/>
    </同事>
</联系人列表>
```

| 文字 | 网格 | 模式 | WSDL | XBRL | Authentic | 浏览器 ▼ |

ch03-1(内部DTD的基本结构).xml

图 3-1　内部 DTD 的应用

2．外部 DTD

外部 DTD 独立于 XML 文档，它把对元素、属性及实体声明的语句单独保存为一个扩展名为.dtd 的文件。外部 DTD 可以提供给多个 XML 文档使用，这样可以避免在每一个 XML 文档中分别对元素、属性及实体进行声明。

（1）外部 DTD 的定义

外部 DTD 定义的语法格式如下：

```
<?xml version="1.0" encoding="GB2312"?>
元素声明语句
属性声明语句（可选）
实体声明语句（可选）
```

说明：

① 外部 DTD 文件要独立保存为一个扩展名为.dtd 的文件。

② 外部 DTD 文件的第 1 行为 XML 声明语句，表示该外部 DTD 用于规范、验证 XML 文档。

③ 外部 DTD 中，元素声明语句是必需的，属性声明语句、实体声明语句根据需要声明。

在 Altova XMLSpy 2013 下创建外部 DTD 文件的步骤如下。

1）启动软件 Altova XMLSpy 2013，单击如图 3-2 所示的"文件"→"新建"菜单命令，弹出如图 3-3 所示的"创建新文件"对话框。

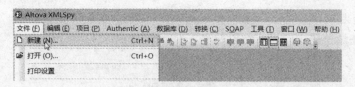

图 3-2 "新建"菜单项

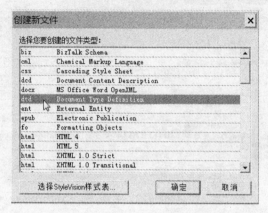

图 3-3 "创建新文件"对话框

2) 在图 3-3 中选择要创建的文件类型 "dtd Document Type Definition",单击 "确定" 按钮,打开如图 3-4 所示的 DTD 代码编辑窗口。

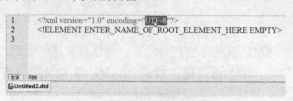

图 3-4 DTD 代码编辑窗口

3) 外部 DTD 文件的第 1 行为 XML 文档声明语句(可以根据需要修改编码方式),删除第 2 行代码,从第 2 行开始输入外部 DTD 文件的定义语句,完整的文件内容如下:

```
<?xml version="1.0" encoding=" GB2312"?>
<!--元素的声明-->
<!ELEMENT 联系人列表 (家人, 朋友, 同事)>
<!ELEMENT 家人 (姓名, 性别, 年龄, 联系方式)>
<!ELEMENT 朋友 (姓名, 性别, 年龄, 联系方式)>
<!ELEMENT 同事 (姓名, 性别, 年龄, 联系方式)>
<!ELEMENT 姓名 (#PCDATA)>
<!ELEMENT 性别 (#PCDATA)>
<!ELEMENT 年龄 (#PCDATA)>
<!ELEMENT 联系方式 EMPTY>
<!--属性的声明-->
<!ATTLIST 联系方式
手机 CDATA #REQUIRED
电子邮件 CDATA #IMPLIED
```

```
    >
```

4）保存步骤 3）中输入的 DTD 文件，命名为 ch03-2(外部 DTD).dtd。

5）单击 DTD 文件代码编辑窗口的选项卡"网格"，显示如图 3-5 所示的 DTD 文件结构图。该结构图清晰地反映了 DTD 中元素的声明、属性的声明，以及元素之间的关系。

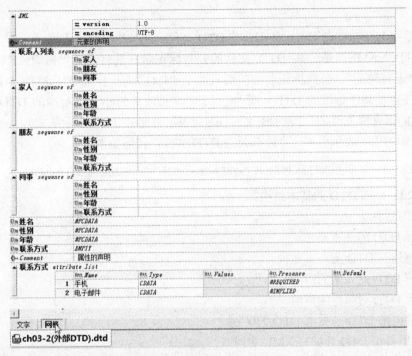

图 3-5 DTD 文件结构图

（2）外部 DTD 的引用

XML 文档中外部 DTD 的引用分为外部私有 DTD 的引用、外部公共 DTD 的引用。

1）外部私有 DTD 文件的引用。

外部私有 DTD，是指属于某个组织或者个人所有的、未被公开的 DTD 文件，其引用格式如下：

<!DOCTYPE 根元素 SYSTEM "外部私有 DTD 文件">

说明：

① 关键字 SYSTEM 表示引用外部私有 DTD 文件，此关键字必须大写。

② 引用的外部私有 DTD 文件路径可以使用绝对路径，也可以使用相对路径，若使用相对路径，必须把 DTD 文件和 XML 文档存放在同一个目录下。

③ 如果没有特殊说明，本书例子中对外部 DTD 的引用都是对外部私有 DTD 文件的引用。

例如下面的语句表示使用相对路径引用外部私有 DTD 文件 "ch03-2(外部 DTD).dtd"，代码如下：

```
    <!DOCTYPE 联系人列表 SYSTEM "ch03-2(外部 DTD).dtd">
```

2）外部公共 DTD 文件的引用。

外部公共 DTD 是由权威机构制订，提供给特定行业或领域使用的 DTD 文件，其引用格式如下：

<!DOCTYPE 根元素 PUBLIC "DTD_NAME" "外部公共 DTD 文件">

说明：

① 关键字 PUBLIC 表示引用外部公共 DTD 文件，此关键字必须大写。

② "DTD_NAME" 是公共 DTD 文件的公共标识名，其格式为 "前缀//DTD 拥有者//DTD 描述//语言种类"。公共标识名的前缀只能是 "ISO"（表示 ISO 标准的 DTD）、"+"（表示被改进的非 ISO 标准的 DTD）或 "-"（表示未被改进的非 ISO 标准的 DTD）。公共标识名中常用的语言种类有 ZH（表示中文）、EN（表示英文）、FR（表示法文）。

例如下面的语句表示引用一个外部公共 DTD 文件，代码如下：

```
<!DOCTYPE 联系人列表 PUBLIC "-//REN//books/ZH" "ch03-2(外部 DTD).dtd">
```

【例 3-2】 外部 DTD 的基本结构。

（1）学习目标

1）理解 DTD 的基本概念。

2）了解外部 DTD 的基本结构。

3）了解 DTD 对元素的声明。

4）了解 DTD 对属性的声明。

5）了解内部 DTD 与外部 DTD 的区别。

（2）引用外部 DTD 并编写 XML 文档

1）启动软件 Altova XMLSpy 2013，单击 "文件" → "新建" 菜单命令，弹出如图 3-6 所示的 "创建新文件" 对话框。

2）在图 3-6 中，选择要创建的文件类型 "xml Extensible Markup Language"，单击 "确定" 按钮，弹出如图 3-7 所示的 "新文件" 对话框。

图 3-6 "创建新文件" 对话框

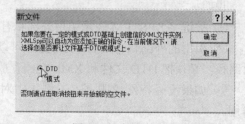

图 3-7 "新文件" 对话框

3）在图 3-7 中，单击选中单选按钮 "DTD"，单击 "确定" 按钮，弹出如图 3-8 所示的选择文件对话框。

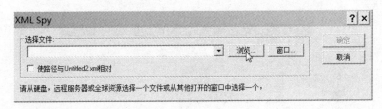

图 3-8　选择文件

4）在图 3-8 中，勾选复选框"使路径与 Untitled2.xml 相对"（文件名称 Untitled2.xml 与用户创建的 XML 文件有关，可能会有不同，选择此项表示在 XML 文档中使用相对路径引用外部 DTD 文件），然后单击"浏览..."按钮，选择要引用的外部 DTD 文件，如图 3-9 所示。

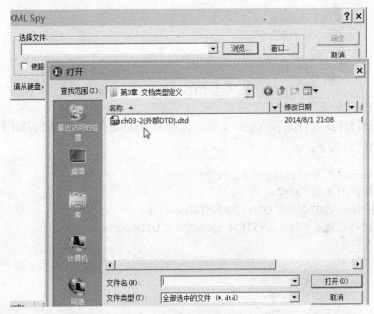

图 3-9　浏览选择文件

5）在图 3-9 中，单击选中文件"ch03-2(外部 DTD).dtd"，单击"打开"按钮后，选择的文件显示在如图 3-10 所示的对话框中。

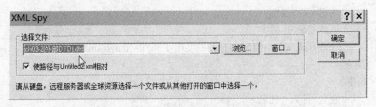

图 3-10　使用文件相对位置

6）在图 3-10 中，单击"确定"按钮，打开如图 3-11 所示的 XML 文档代码编辑窗口，可以看到新建的 XML 文档根据引用的外部 DTD 文件已经自动生成一部分语句，其中第 2 行语句表示引用外部私有 DTD 文件"ch03-2(外部 DTD).dtd"。

```
1   <?xml version="1.0" encoding="UTF-8"?>
2   <!DOCTYPE 联系人列表 SYSTEM "ch03-2(外部DTD).dtd">
3   <联系人列表>
4     <家人>
5       <姓名/>
6       <性别/>
7       <年龄/>
8       <联系方式 手机=""/>
9     </家人>
10    <朋友>
11      <姓名/>
12      <性别/>
13      <年龄/>
14      <联系方式 手机=""/>
15    </朋友>
16    <同事>
17      <姓名/>
18      <性别/>
19      <年龄/>
20      <联系方式 手机=""/>
21    </同事>
22  </联系人列表>
23
文字  网格  模式  WSDL  XBRL  Authentic  浏览器
Untitled2.xml *  ch03-2(外部DTD).dtd
```

图 3-11　根据 DTD 自动生成的代码

7）根据外部 DTD 文件完善 XML 文档，保存为 ch03-2(外部 DTD 的基本结构).xml，完整的 XML 文档代码如下：

```
<?xml version="1.0" encoding="GB2312"?>
<!--外部 DTD 的基本结构-->
<!-- FileName: ch03-2(外部 DTD 的基本结构).xml -->
<!DOCTYPE 联系人列表 SYSTEM "ch03-2(外部 DTD).dtd">
<联系人列表>
    <家人>
        <姓名>任嘉</姓名>
        <性别>男</性别>
        <年龄>21</年龄>
        <联系方式 手机="13086112233"/>
    </家人>
    <朋友>
        <姓名>单一</姓名>
        <性别>女</性别>
        <年龄>36</年龄>
        <联系方式 手机="15564112233" 电子邮件="dan@sina.com"/>
    </朋友>
    <同事>
        <姓名>孙天</姓名>
        <性别>男</性别>
        <年龄>35</年龄>
        <联系方式 手机="18865112233" 电子邮件="tian@126.com"/>
    </同事>
</联系人列表>
```

（3）显示结果

【例 3-2】在浏览器中的显示结果如图 3-12 所示。

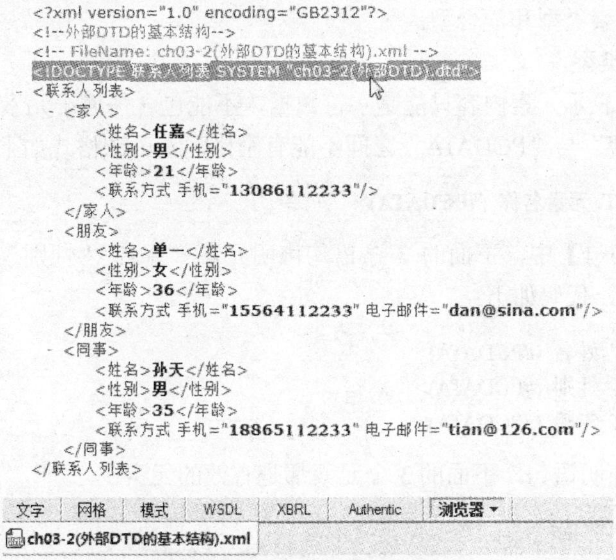

```
<?xml version="1.0" encoding="GB2312"?>
<!--外部DTD的基本结构-->
<!-- FileName: ch03-2(外部DTD的基本结构).xml -->
<!DOCTYPE 联系人列表 SYSTEM "ch03-2(外部DTD).dtd">
<联系人列表>
  <家人>
      <姓名>任嘉</姓名>
      <性别>男</性别>
      <年龄>21</年龄>
      <联系方式 手机="13086112233"/>
  </家人>
  <朋友>
      <姓名>单一</姓名>
      <性别>女</性别>
      <年龄>36</年龄>
      <联系方式 手机="15564112233" 电子邮件="dan@sina.com"/>
  </朋友>
  <同事>
      <姓名>孙天</姓名>
      <性别>男</性别>
      <年龄>35</年龄>
      <联系方式 手机="18865112233" 电子邮件="tian@126.com"/>
  </同事>
</联系人列表>
```

| 文字 | 网格 | 模式 | WSDL | XBRL | Authentic | 浏览器 ▾ |

📰 ch03-2(外部DTD的基本结构).xml

图 3-12　外部 DTD 的应用

3.2　DTD 对元素的声明

元素是 XML 文档中最基本的要素。在一个有效的 XML 文档中，所有元素都必须在 DTD 中进行声明，DTD 对 XML 元素的声明决定了 XML 文档的逻辑结构。

3.2.1　元素声明

DTD 对元素的声明主要是对元素名称、内容类型、属性、元素出现的次数及先后顺序等内容进行声明，其语法格式如下：

<!ELEMENT 元素名称 (元素内容类型)>

说明：

① 元素声明语句以"<!ELEMENT"开始，以">"结束，关键字 ELEMENT 必须大写。

② 声明语句中的"元素名称"必须按照元素命名规范命名。

③ 声明语句中的"元素名称"与"(元素内容类型)"之间必须用至少一个空格间隔。

④ 元素的内容类型详见第 3.2.2 节。

⑤ 在声明中出现的符号均为英文输入状态下的半角字符。

例如，在【例 3-1】中，声明"姓名"元素的语句如下：

<!ELEMENT 姓名 (#PCDATA)>

#PCDATA 代表元素内容类型为字符数据。

3.2.2 元素内容类型

在 DTD 对元素的声明语句中，元素内容类型主要有#PCDATA 类型、ANY 类型、EMPTY 类型、子元素类型和混合型。

1. #PCDATA 类型

#PCDATA 类型表示元素内容只能是字符数据，不能包含任何子元素。#PCDATA 表示可解析的字符数据，"#"与"PCDATA"之间不能有空格，其语法格式如下：

    <!ELEMENT 元素名称 (#PCDATA)>

例如，在【例 3-1】中，下面的 3 条语句声明元素"姓名""性别""年龄"的数据类型都是#PCDATA 类型，代码如下：

```
<!ELEMENT 姓名 (#PCDATA)>
<!ELEMENT 性别 (#PCDATA)>
<!ELEMENT 年龄 (#PCDATA)>
```

根据上述元素声明语句，下面的 3 个元素都是有效的元素：

```
<姓名>任嘉</姓名>
<性别>男</性别>
<年龄>21</年龄>
```

而下面的元素使用是错误的，因为"姓名"元素的内容只能是字符数据，不能包含子元素：

```
<姓名>
        <name>任嘉</name>
</姓名>
```

2. ANY 类型

ANY 类型表示元素可以包含任意内容。声明为 ANY 类型的元素，其内容可以是#PCDATA、EMPTY、子元素或混合型，其语法格式如下：

    <!ELEMENT 元素名称 ANY>

ANY 类型元素一般用于 DTD 早期的开发阶段，随着开发进度的进行，要用确定的内容类型代替 ANY 类型。

3. EMPTY 类型

EMPTY 类型表示空元素。空元素只能有属性而不能包含任何数据内容，其语法格式如下：

    <!ELEMENT 元素名称 EMPTY>

例如，在【例 3-1】中，下面的语句声明元素"联系方式"是一个空元素，代码如下：

```
<!ELEMENT 联系方式 EMPTY>
```

根据上述元素声明语句，下面的两个"联系方式"元素都是有效的：

```
<联系方式 手机="15051122334" />
<联系方式 手机="13041122334" 电子邮件="silang@126.com" />
```

在 XML 文档中使用空元素时，必须在结束标记">"前添加符号"/"。有关元素属性的内容将在第 3.3 节展开详细阐述。

4．子元素类型

子元素类型用来指定元素包含的子元素以及各个子元素出现的顺序。子元素类型分为两类：顺序性子元素和选择性子元素。

（1）顺序性子元素

顺序性子元素是指必须按照顺序依次出现的多个子元素，其语法格式如下：

<!ELEMENT 元素名称 (子元素 1，子元素 2, ... 子元素 n)>（n≥1）

说明：

① 声明为顺序性子元素类型的元素只能包含指定的子元素，不能直接包含字符数据，也不能包含未在声明语句中出现的元素。

② 顺序性子元素必须按照声明的顺序依次出现，而且每个子元素只能出现一次。

【例 3-3】 顺序性子元素的应用。

1）学习目标。

① 理解掌握内部 DTD 的基本结构。

② 理解掌握元素类型。

③ 掌握 DTD 对元素的声明。

④ 掌握顺序性子元素类型的应用。

2）编写 XML 文档。

内部 DTD 定义说明：

① 定义根元素为"学生信息"。

② 根元素"学生信息"包含一个子元素"学生"。

③ 子元素"学生"包含 3 个顺序性子元素："学号""姓名""性别"。

④ 子元素"学号""姓名""性别"只能包含字符数据。

根据上述说明，对应的 XML 文档代码如下：

```
<?xml version="1.0" encoding="GB2312" standalone="yes" ?>
<!-- 元素类型：顺序性子元素类型声明-->
<!-- FileName:ch03-3(元素类型-顺序性子元素类型).xml -->
<!DOCTYPE 学生信息 [
<!ELEMENT 学生信息 (学生)>
<!ELEMENT 学生 (学号, 姓名, 性别)>
<!ELEMENT 学号 (#PCDATA)>
<!ELEMENT 姓名 (#PCDATA)>
<!ELEMENT 性别 (#PCDATA)>
]>
<学生信息>
    <学生>
        <学号>142231101</学号>
```

```
        <姓名>李丹</姓名>
        <性别>女</性别>
    </学生>
</学生信息>
```

下面的这个"学生"元素是错误的，因为元素出现的顺序与元素声明的顺序不一致。

```
<学生>
    <姓名>李丹</姓名>
    <学号>142231101</学号>
    <性别>女</性别>
</学生>
```

3）显示结果。

【例 3-3】在浏览器中的显示结果如图 3-13 所示。

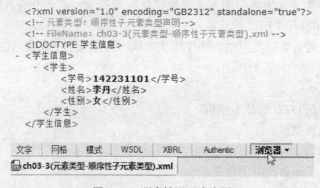

图 3-13　顺序性子元素应用

（2）选择性子元素

选择性子元素是指只能在多个子元素中选择其中一个子元素，语法格式如下：

<!ELEMENT 元素名称 (子元素 1|子元素 2|...|子元素 n)> （n≥1）

多个子元素之间必须用符号"|"间隔。

【例 3-4】　选择性子元素的应用。

1）学习目标。

① 理解掌握内部 DTD 的基本结构。

② 理解掌握元素类型。

③ 掌握 DTD 对元素的声明。

④ 掌握顺序性、选择性子元素类型的应用。

2）编写 XML 文档。

内部 DTD 定义说明：

① 定义根元素为"员工列表"。

② 根元素"员工列表"包含一个子元素"员工"。

③ 子元素"员工"包含 3 个顺序性子元素：工号"、"姓名"、"薪资"。

④ 子元素"薪资"包含两个选择性子元素"年薪制"、"非年薪制"。

⑤ 子元素"工号"、"姓名"、"年薪制"、"非年薪制"只能包含字符数据。

根据上述说明，对应的 XML 文档代码如下：

```
<?xml version="1.0" encoding="GB2312" standalone="yes"?>
<!-- 元素类型：选择性子元素类型声明-->
<!-- FileName:ch03-4 (元素类型-选择性子元素类型).xml -->
<!DOCTYPE 员工列表[
<!ELEMENT 员工列表 (员工)>
<!ELEMENT 员工 (工号,姓名,薪资)>
<!ELEMENT 薪资 (年薪制|非年薪制)>
<!ELEMENT 工号 (#PCDATA)>
<!ELEMENT 姓名 (#PCDATA)>
<!ELEMENT 年薪制 (#PCDATA)>
<!ELEMENT 非年薪制 (#PCDATA)>
]>
<员工列表>
    <员工>
        <工号>001</工号>
        <姓名>年工</姓名>
        <薪资>
            <年薪制>14 万/年</年薪制>
        </薪资>
    </员工>
</员工列表>
```

下面的"薪资"元素是错误的，因为子元素"年薪制"与"非年薪制"是选择性子元素，不能同时出现。

```
<薪资>
    <非年薪制>1 万/月</非年薪制>
    <年薪制>14 万/年</年薪制>
</薪资>
```

3）显示结果。

【例 3-4】在浏览器中的显示结果如图 3-14 所示。

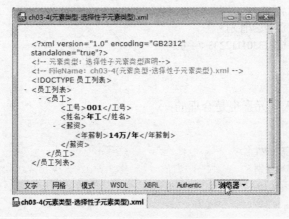

图 3-14　选择性子元素应用

47

【例3-5】 子元素类型声明的综合应用。

1）学习目标。

① 理解掌握内部 DTD 的基本结构。

② 理解掌握元素类型。

③ 掌握 DTD 对元素的声明。

④ 掌握顺序性子元素类型、选择性子元素类型的应用。

2）编写 XML 文档。

内部 DTD 定义说明：

① 定义根元素为"联系人列表"。

② 根元素"联系人列表"包含一个子元素"联系人"。

③ 子元素"联系人"包含两个顺序性子元素——"姓名""性别"，还包含 3 个选择性子元素——"手机""固定电话""电子邮件"。

④ 子元素"姓名""性别""手机""固定电话""电子邮件"只能包含字符数据。

根据上述说明，对应的 XML 文档代码如下：

```
<?xml version="1.0" encoding="GB2312" standalone="yes"?>
<!-- 元素类型：子元素类型声明综合-->
<!-- FileName:ch03-5 (元素类型-子元素类型声明的综合应用).xml -->
<!-- 内部 DTD 的定义 -->
<!DOCTYPE 联系人列表 [
<!-- 元素的声明 -->
<!ELEMENT 联系人列表 (联系人)>
<!ELEMENT 联系人 (姓名,性别,(手机|固定电话|电子邮件))>
<!ELEMENT 姓名 (#PCDATA)>
<!ELEMENT 性别 (#PCDATA)>
<!ELEMENT 手机 (#PCDATA)>
<!ELEMENT 固定电话 (#PCDATA)>
<!ELEMENT 电子邮件 (#PCDATA)>
]>
<联系人列表>
    <联系人>
        <姓名>李丹</姓名>
        <性别>女</性别>
        <手机>13301112233</手机>
    </联系人>
</联系人列表>
```

下面两个"联系人"元素也是合理的：

```
<联系人>
    <姓名>王庆</姓名>
    <性别>男</性别>
    <固定电话>010-12345678</固定电话>
</联系人>
<联系人>
```

```
    <姓名>朱一</姓名>
    <性别>女</性别>
    <电子邮件>zhuiy@126.com</电子邮件>
</联系人>
```

下面的"联系人"元素则是错误的,因为选择性子元素"手机""固定电话""电子邮件"不能同时出现:

```
<联系人>
    <姓名>李丹</姓名>
    <性别>女</性别>
    <手机>13301112233</手机>
    <固定电话>010-12345678</固定电话>
    <电子邮件>danli@126.com</电子邮件>
</联系人>
```

3)显示结果。

【例 3-5】在浏览器中的显示结果如图 3-15 所示。

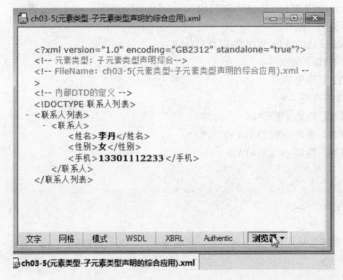

图 3-15　子元素类型的综合应用

5.混合型

混合型元素的内容既允许包含#PCDATA 类型的字符数据,又允许包含子元素,也允许不包含任何内容,其语法格式如下:

<!ELEMENT 元素名称 (#PCDATA|子元素 1|子元素 2|...)*>

说明:

① #PCDATA 类型必须写在各个选择性子元素前

② 符号"*"是控制元素出现次数的符号,元素后加符号"*"表示该元素可以出现任意多次(次数≥0)。

【例3-6】 混合型元素的应用。

1）学习目标。

① 理解掌握内部 DTD 的基本结构。

② 理解掌握元素类型。

③ 掌握 DTD 对元素的声明。

④ 掌握混合型元素内容的声明。

2）编写 XML 文档。

内部 DTD 定义说明：

① 定义根元素为"诗集"。

② 根元素"诗集"包含任意多个子元素"唐诗"（用"唐诗*"表示）。

③ 子元素"唐诗"为混合型子元素，既可以包含字符数据，又可以包含任意个子元素"诗句"，也可以不包含任何内容。

④ 子元素"诗句"只能包含字符数据。

根据上述说明，对应的 XML 文档代码如下：

```
<?xml version="1.0" encoding="GB2312" standalone="yes"?>
<!-- 元素类型：混合型-->
<!—FileName:ch03-6 (元素类型-混合型).xml -->
<!-- 内部 DTD 的定义 -->
<!DOCTYPE 诗集 [
<!-- 元素的声明 -->
<!ELEMENT 诗集 (唐诗*)>
<!ELEMENT 唐诗 (#PCDATA|诗句)*>
<!ELEMENT 诗句 (#PCDATA)>
]>
<诗集>
    <唐诗>
        静夜思
        床前明月光，疑是地上霜。举头望明月，低头思故乡。
    </唐诗>
    <唐诗>
        静夜思
        <诗句>床前明月光，疑是地上霜。</诗句>
        <诗句>举头望明月，低头思故乡。</诗句>
    </唐诗>
    <唐诗>
        静夜思
        <诗句>床前明月光，疑是地上霜。</诗句>
        <诗句>举头望明月，低头思故乡。</诗句>
        相思
        <诗句>红豆生南国，生来发几枝。</诗句>
        <诗句>愿君多采撷，此物最相思。</诗句>
    </唐诗>
```

   <唐诗></唐诗>

  </诗集>

3）显示结果。

【例3-6】在浏览器中的显示结果如图 3-16 所示。从图中可以看到，空元素"<唐诗></唐诗>"被表示成"<唐诗/>"这种形式。

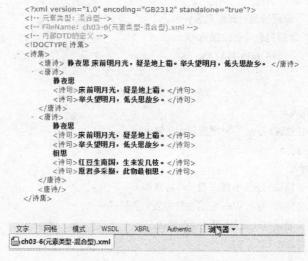

图 3-16 混合型元素的应用

3.2.3 元素次数限定符

  元素次数限定符主要用于限定元素出现的次数，如限定元素出现多次，或限定元素不出现。如果一个元素没有使用元素次数限定符，代表该元素必须出现一次且只能出现一次。XML 提供了 3 个元素次数限定符：加号"+"、星号"*"、问号"？"，这 3 个符号代表的含义如下。

1. 元素次数限定符"+"

元素次数限定符"+"表示元素至少出现一次，即元素出现次数≥1。

【例3-7】 元素次数限定符"+"的应用。

（1）学习目标

1）理解掌握内部 DTD 的基本结构。

2）理解掌握元素类型。

3）掌握 DTD 对元素的声明。

4）掌握元素次数限定符"+"的应用。

（2）编写 XML 文档

内部 DTD 定义说明：

① 定义根元素为"课程信息"。

② 根元素"课程信息"至少包含一个子元素"课程列表"。

③ 子元素"课程列表"至少包含一个子元素"必修课"。

④ 子元素"必修课"只能包含字符数据。

根据上述说明，对应的 XML 文档代码如下：

```xml
<?xml version="1.0" encoding="GB2312"?>
<!--元素限定符：+的使用-->
<!-- FileName:ch03-7 (限定符-加号).xml -->
<!DOCTYPE 课程信息[
<!ELEMENT  课程信息 (课程列表)+>
<!ELEMENT 课程列表 (必修课+)>
<!ELEMENT 必修课 (#PCDATA)>
]>
<课程信息>
    <课程列表>
        <必修课>Java 小程序设计</必修课>
    </课程列表>
    <课程列表>
        <必修课>Java 小程序设计</必修课>
        <必修课>Java Web 应用软件开发</必修课>
        <必修课>C++程序设计</必修课>
    </课程列表>
</课程信息>
```

（3）显示结果

【例 3-7】在浏览器中的显示结果如图 3-17 所示。

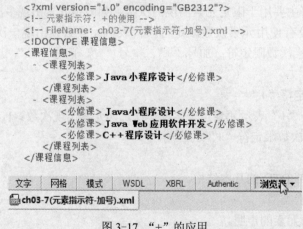

图 3-17 "+"的应用

2. 元素次数限定符"*"

元素次数限定符"*"表示元素可以出现任意多次，即元素出现次数≥0 次。

【例 3-8】 元素次数限定符"*"的应用。

（1）学习目标

1）理解掌握内部 DTD 的基本结构。

2）理解掌握元素类型。

3）掌握 DTD 对元素的声明。

4）掌握元素次数限定符 "*" 的应用。

5）掌握内部 DTD 约束下 XML 文档的编写。

（2）编写 XML 文档

内部 DTD 定义说明：

① 定义根元素为 "课程信息"。

② 根元素 "课程信息" 至少包含一个子元素 "课程列表"。

③ 子元素 "课程列表" 至少包含一个子元素 "必修课"、任意多个子元素 "选修课"。

④ 子元素 "必修课" "选修课" 只能包含字符数据。

根据上述说明，对应的 XML 文档代码如下：

```
<?xml version="1.0" encoding="GB2312"?>
<!-- 元素次数限定符：*的使用 -->
<!-- FileName:ch03-8(元素次数限定符-星号).xml -->
<!DOCTYPE 课程信息[
<!ELEMENT 课程信息 (课程列表)+>
<!ELEMENT 课程列表 (必修课+,选修课*)>
<!ELEMENT 必修课 (#PCDATA)>
<!ELEMENT 选修课 (#PCDATA)>
]>
<课程信息>
    <课程列表>
        <必修课>Java 小程序设计</必修课>
    </课程列表>
    <课程列表>
        <必修课>Java 小程序设计</必修课>
        <必修课>Java Web 应用软件开发</必修课>
        <选修课>职业生涯规划</选修课>
    </课程列表>
    <课程列表>
        <必修课>Java 小程序设计</必修课>
        <必修课>Java Web 应用软件开发</必修课>
        <选修课>职业生涯规划</选修课>
        <选修课>音乐欣赏</选修课>
    </课程列表>
</课程信息>
```

（3）显示结果

【例 3-8】在浏览器中的显示结果如图 3-18 所示。

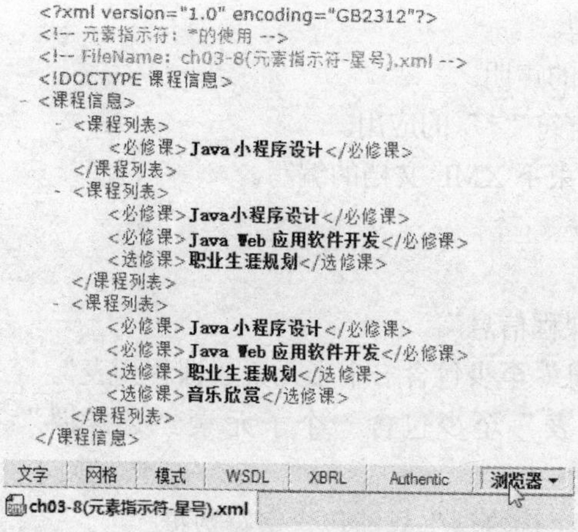

```
<?xml version="1.0" encoding="GB2312"?>
<!-- 元素指示符："*"的使用 -->
<!-- FileName: ch03-8(元素指示符-星号).xml -->
<!DOCTYPE 课程信息>
- <课程信息>
    - <课程列表>
        <必修课>Java 小程序设计</必修课>
      </课程列表>
    - <课程列表>
        <必修课>Java小程序设计</必修课>
        <必修课>Java Web 应用软件开发</必修课>
        <选修课>职业生涯规划</选修课>
      </课程列表>
    - <课程列表>
        <必修课>Java小程序设计</必修课>
        <必修课>Java Web 应用软件开发</必修课>
        <选修课>职业生涯规划</选修课>
        <选修课>音乐欣赏</选修课>
      </课程列表>
  </课程信息>
```

| 文字 | 网格 | 模式 | WSDL | XBRL | Authentic | 浏览器 ▾ |

ch03-8(元素指示符-星号).xml

图 3-18 "*"的应用

3. 元素次数限定符"？"

元素次数限定符"？"表示元素最多出现一次，即元素出现的次数为 0 或 1。

【例 3-9】 元素次数限定符"？"的应用。

（1）学习目标

1）理解掌握内部 DTD 的基本结构。

2）理解掌握元素类型。

3）掌握 DTD 对元素的声明。

4）掌握元素次数限定符"?"的应用。

（2）编写 XML 文档

内部 DTD 定义说明：

① 定义根元素为"课程信息"。

② 根元素"课程信息"至少包含一个子元素"课程列表"。

③ 子元素"课程列表"至少包含一个子元素"必修课"、任意多个子元素"选修课"、最多一个子元素"公共英语"。

④ 子元素"必修课""选修课""公共英语"只能包含字符数据。

根据上述说明，对应的 XML 文档代码如下：

```
<?xml version="1.0" encoding="GB2312"?>
<!-- 元素次数限定符：?的使用 -->
<!-- FileName:ch03-9(元素次数限定符-问号).xml -->
<!DOCTYPE 课程信息[
<!ELEMENT 课程信息 (课程列表)+>
<!ELEMENT 课程列表 (必修课+,选修课*,公共英语?)>
<!ELEMENT 必修课 (#PCDATA)>
<!ELEMENT 选修课 (#PCDATA)>
<!ELEMENT 公共英语 (#PCDATA)>
]>
<课程信息>
    <课程列表>
```

```
        <必修课>Java 小程序设计</必修课>
    </课程列表>
    <课程列表>
        <必修课>Java 小程序设计</必修课>
        <选修课>音乐欣赏</选修课>
    </课程列表>
    <课程列表>
        <必修课>Java 小程序设计</必修课>
        <选修课>音乐欣赏</选修课>
        <公共英语>英语口语一级</公共英语>
    </课程列表>
</课程信息>
```

（3）显示结果

【例 3-9】在浏览器中的显示结果如图 3-19 所示。

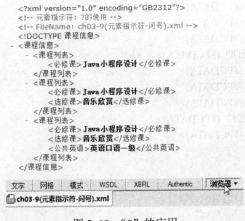

图 3-19　"?"的应用

3.2.4　元素声明综合实例

本节通过一个综合实例，展示 DTD 中各种类型的元素声明。

【例 3-10】　元素声明综合实例。

（1）学习目标

1）理解 DTD 的基本结构。

2）理解掌握 DTD 对元素的声明。

3）理解掌握元素的内容类型。

4）理解掌握元素次数限定符的应用。

（2）编写 XML 文档

内部 DTD 定义说明：

① 定义根元素为"学生信息"。

② 根元素"学生信息"至少包含一个子元素"学生"。

③ 子元素"学生"包含顺序子元素"学号""姓名""性别"，"出生日期"或"年龄"

（这两个元素为选择性子元素），"联系方式""备注"，其中"备注"子元素最多出现一次，其他子元素只能出现一次。

④ 子元素"联系方式"是一个混合型子元素，既可以包含字符数据，也可以包含任意多个子元素"手机""固话""电子邮件"。

⑤ 子元素"学号""姓名""性别""出生日期""年龄""备注"，"手机""固话""电子邮件"只能包含字符数据。

根据上述说明，对应的 XML 文档代码如下：

```xml
<?xml version="1.0" encoding="GB2312" standalone="yes" ?>
<!--元素声明综合应用  -->
<!-- FileName:ch03-10(元素综合应用).xml -->
<!DOCTYPE 学生信息[
<!ELEMENT 学生信息 (学生+)>
<!ELEMENT 学生 (学号,姓名,性别,(出生日期|年龄),联系方式,备注?)>
<!ELEMENT 联系方式 (#PCDATA|手机|固话|电子邮件)*>
<!ELEMENT 学号 (#PCDATA)>
<!ELEMENT 姓名 (#PCDATA)>
<!ELEMENT 性别 (#PCDATA)>
<!ELEMENT 出生日期 (#PCDATA)>
<!ELEMENT 年龄 (#PCDATA)>
<!ELEMENT 手机 (#PCDATA)>
<!ELEMENT 固话 (#PCDATA)>
<!ELEMENT 电子邮件 (#PCDATA)>
<!ELEMENT 备注 (#PCDATA)>
]>
<学生信息>
    <学生>
            <学号>112231101</学号>
            <姓名>张雨</姓名>
            <性别>女</性别>
            <出生日期>1993.05</出生日期>
            <联系方式>
                    北京信息职业技术学院 8#102 室
            </联系方式>
    </学生>
    <学生>
            <学号>112231102</学号>
            <姓名>万山</姓名>
            <性别>男</性别>
            <出生日期>1992.09</出生日期>
            <联系方式>
                    北京信息职业技术学院
                    <手机>13354321123</手机>
                    <电子邮件>wanshan@bitc.edu.cn</电子邮件>
            </联系方式>
    </学生>
    <学生>
            <学号>112231103</学号>
            <姓名>李斯</姓名>
```

```
            <性别>男</性别>
            <年龄>22</年龄>
            <联系方式>
                北京信息职业技术学院
                <手机>18812345678</手机>
                <固话>010-12345678</固话>
                <电子邮件>lisi@bitc.edu.cn</电子邮件>
                <电子邮件>65743210@qq.com</电子邮件>
            </联系方式>
            <备注>困难学生库中的学生</备注>
        </学生>
        <学生>
            <学号>112231104</学号>
            <姓名>毛毛</姓名>
            <性别>男</性别>
            <年龄>23</年龄>
            <联系方式></联系方式>
            <备注>已经更换联系方式，待更新</备注>
        </学生>
    </学生信息>
```

（3）显示结果

【例 3-10】在浏览器中的显示结果如图 3-20 所示。

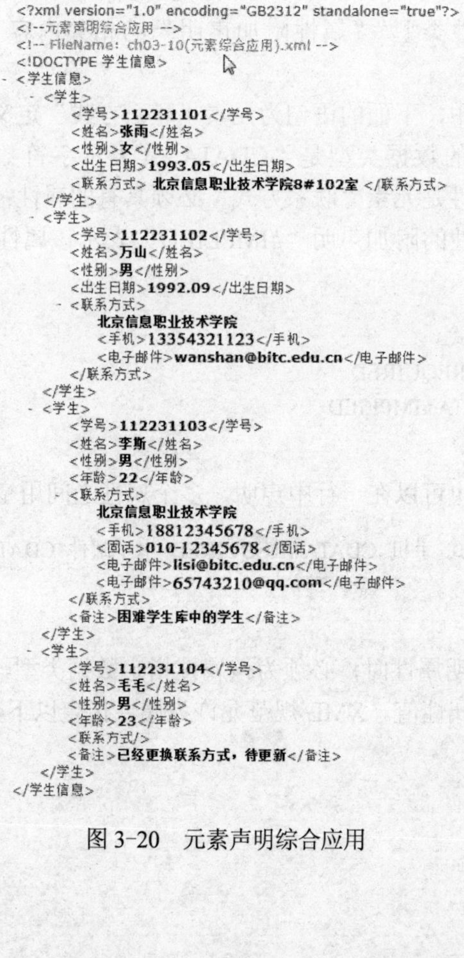

```
<?xml version="1.0" encoding="GB2312" standalone="true"?>
<!--元素声明综合应用 -->
<!-- FileName: ch03-10(元素综合应用).xml -->
<!DOCTYPE 学生信息>
- <学生信息>
  - <学生>
      <学号>112231101</学号>
      <姓名>张雨</姓名>
      <性别>女</性别>
      <出生日期>1993.05</出生日期>
      <联系方式> 北京信息职业技术学院8#102室 </联系方式>
    </学生>
  - <学生>
      <学号>112231102</学号>
      <姓名>万山</姓名>
      <性别>男</性别>
      <出生日期>1992.09</出生日期>
    - <联系方式>
        北京信息职业技术学院
        <手机>13354321123</手机>
        <电子邮件>wanshan@bitc.edu.cn</电子邮件>
      </联系方式>
    </学生>
  - <学生>
      <学号>112231103</学号>
      <姓名>李斯</姓名>
      <性别>男</性别>
      <年龄>22</年龄>
      <联系方式>
        北京信息职业技术学院
        <手机>18812345678</手机>
        <固话>010-12345678</固话>
        <电子邮件>lisi@bitc.edu.cn</电子邮件>
        <电子邮件>65743210@qq.com</电子邮件>
      </联系方式>
      <备注>困难学生库中的学生</备注>
    </学生>
  - <学生>
      <学号>112231104</学号>
      <姓名>毛毛</姓名>
      <性别>男</性别>
      <年龄>23</年龄>
      <联系方式/>
      <备注>已经更换联系方式，待更新</备注>
    </学生>
</学生信息>
```

图 3-20　元素声明综合应用

3.3　DTD 对属性的声明

XML 元素属性是元素额外信息的补充，DTD 对属性的声明包括属性名称、属性类型、属性附加声明等信息。

3.3.1　属性声明

在 DTD 中，为元素声明属性的语法格式如下：

```
<!ATTLIST 元素名称
    属性名称1 属性类型 属性附加声明
    属性名称2 属性类型 属性附加声明
    ...
    属性名称n 属性类型 属性附加声明
>
```

说明：

① 属性声明语句以"<!ATTLIST"开始，关键字 ATTLIST 必须大写，且"<!"与"ATTLIST"之间不能有空格。

② 声明语句中的"元素名称"表示要定义属性的元素。

③ 在一个属性声明语句中，可以为一个元素定义多个属性。

④ 声明语句中"属性类型""属性附加声明"的相关内容分别在第 3.3.2 与 3.3.3 节展开阐述。

例如，在【例 3-1】中，下面的语句为元素"联系方式"定义了两个属性："手机""电子邮件"。属性"手机"的数据类型是"CDATA"（表示字符数据），该属性的附加声明"#REQUIRED"表示该属性是元素"联系方式"必须具有的属性；属性"电子邮件"的数据类型是"CDATA"，该属性的附加声明"#IMPLIED"表示该属性对元素"联系方式"是可选的。

```
<!ATTLIST 联系方式
    手机 CDATA #REQUIRED
    电子邮件 CDATA #IMPLIED
>
```

上面的属性声明语句也可以在一行中声明，多个属性之间用空格间隔。

```
<!ATTLIST 联系方式 手机 CDATA #REQUIRED 电子邮件 CDATA #IMPLIED>
```

3.3.2　属性类型

在 DTD 中为元素声明属性时，必须为该属性指定数据类型，属性的数据类型可以规定哪种类型的数据可以作为属性值。XML 规范允许为属性指定以下数据类型：

1）CDATA 类型。

2）枚举类型。

3）ID 类型。

4）IDREF 类型。

5）IDREFS 类型。

6）ENTITY 类型。

7）ENTITIES 类型。

8）NMTOKEN 类型。

9）NMTOKENS 类型。

10）NOTATION 类型。

本节主要介绍前 5 种常用的属性类型。

1．CDATA 类型

CDATA 类型是最常用的属性类型，声明为该类型的属性值表示可以包含任意字符数据，但是不允许包含特殊字符"<"">""&""'"""。如果属性值中必须包含这 5 个字符，那么必须使用它们对应的预定义实体引用（见第 2.5 节）。

【例 3-11】 CDATA 类型属性的应用。

（1）学习目标

1）理解 DTD 的基本结构。

2）理解掌握 DTD 对元素、属性的声明。

3）理解掌握元素次数限定符的应用

4）掌握 CDATA 类型的属性声明。

（2）编写 XML 文档

内部 DTD 定义说明：

① 定义根元素为"平时作业"。

② 根元素"平时作业"包含任意多个子元素"作业"。

③ 子元素"作业"包含只能出现一次的顺序性子元素"编号""提交时间""要求"。

④ 子元素"编号""提交时间""要求"只能包含字符数据。

⑤ 子元素"作业"拥有一个必须出现的 CDATA 类型属性"类别"。

根据上述说明，对应的 XML 文档代码如下：

```
<?xml version="1.0" encoding="GB2312"?>
<!-- 属性类型：CDATA -->
<!-- FileName:ch03-11(属性类型-CDATA).xml -->
<!DOCTYPE 平时作业[
<!ELEMENT 平时作业 (作业)*>
<!ELEMENT 作业 (编号,提交时间,要求)>
<!ELEMENT 编号 (#PCDATA)>
<!ELEMENT 提交时间 (#PCDATA)>
<!ELEMENT 要求 (#PCDATA)>
<!ATTLIST 作业 类别 CDATA #REQUIRED>
]>
<平时作业>
        <作业 类别="纸质" >
                <编号>No1</编号>
                <提交时间>2014.09.05</提交时间>
```

```
        <要求>编写一份通讯录 XML 文档......</要求>
    </作业>
    <作业  类别="代码电子版">
        <编号>No2</编号>
        <提交时间>2014.09.12</提交时间>
        <要求>按照要求，编写一份内部 DTD......</要求>
    </作业>
    <作业  类别="实验报告">
        <编号>No3</编号>
        <提交时间>2014.09.19</提交时间>
        <要求>按照要求，撰写实验报告......</要求>
    </作业>
</平时作业>
```

（3）显示结果

【例 3-11】在浏览器中的显示结果如图 3-21 所示。

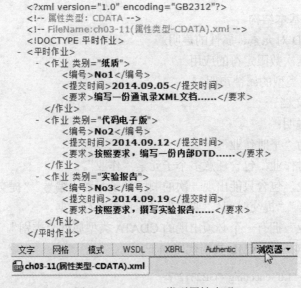

图 3-21   CDATA 类型属性声明

2．枚举类型

枚举类型列举了属性可以选择的一组值，声明为该类型的属性值必须从一组指定的值中选择一个。枚举类型没有专门的关键字，在声明时只需给出可选的属性值列表，属性值不需要用双引号或单引号括起来，可选的属性值之间用符号"|"间隔。

【例 3-12】 枚举类型属性声明应用。

（1）学习目标

1）理解 DTD 的基本结构。

2）理解掌握 DTD 对元素、属性的声明。

3）理解掌握元素次数限定符的应用。

4）掌握枚举类型的属性声明。

（2）编写 XML 文档

内部 DTD 定义说明：

① 定义根元素为"平时作业"。

② 根元素"平时作业"包含任意多个子元素"作业"。

③ 子元素"作业"包含只能出现一次的顺序性子元素"编号""提交时间""要求"。

④ 子元素"编号""提交时间""要求"只能包含字符数据。

⑤ 子元素"作业"拥有一个必须出现的枚举类型属性"类别"（纸质、代码电子版、实验报告）。

根据上述说明，对应的 XML 文档代码如下：

```
<?xml version="1.0" encoding="GB2312"?>
<!-- 属性类型：枚举类型-->
<!-- FileName:ch03-12(属性类型-枚举类型).xml -->
<!DOCTYPE  平时作业[
<!ELEMENT  平时作业 (作业)*>
<!ELEMENT  作业 (编号,提交时间,要求)>
<!ELEMENT  编号 (#PCDATA)>
<!ELEMENT  提交时间 (#PCDATA)>
<!ELEMENT  要求 (#PCDATA)>
<!ATTLIST  作业 类别 (纸质|代码电子版|实验报告) #REQUIRED>
]>
<平时作业>
    <作业 类别="纸质">
        <编号>No1</编号>
        <提交时间>2014.09.01</提交时间>
        <要求>编写一份通讯录 XML 文档......</要求>
    </作业>
    <作业  类别="代码电子版">
        <编号>No2</编号>
        <提交时间>2014.09.03</提交时间>
        <要求>按照要求，编写一份内部 DTD......</要求>
    </作业>
    <作业  类别="实验报告">
        <编号>No3</编号>
        <提交时间>2014.09.05</提交时间>
        <要求>按照要求，撰写实验报告......</要求>
    </作业>
</平时作业>
```

注意，下面是错误的属性声明语句，可选的属性值不能用双引号括起来。

```
<!ATTLIST  作业 类别 ("纸质"|"代码电子版"|"实验报告") #REQUIRED>
```

（3）显示结果

【例 3-12】在浏览器中的显示结果如图 3-22 所示。

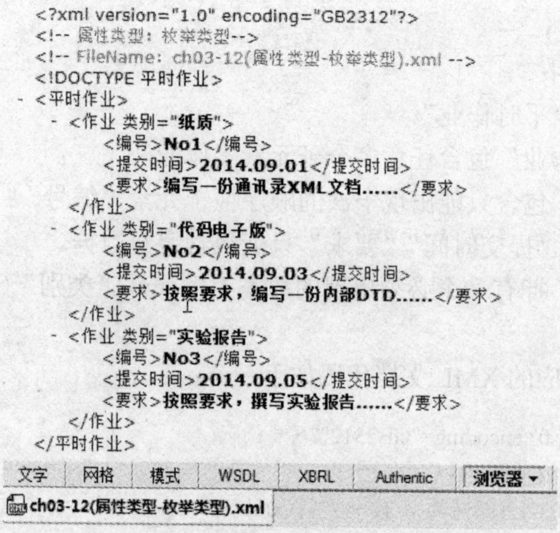

```
<?xml version="1.0" encoding="GB2312"?>
<!-- 属性类型：枚举类型-->
<!-- FileName: ch03-12(属性类型-枚举类型).xml -->
<!DOCTYPE 平时作业
- <平时作业>
  - <作业 类别="纸质">
      <编号>No1</编号>
      <提交时间>2014.09.01</提交时间>
      <要求>编写一份通讯录XML文档......</要求>
    </作业>
  - <作业 类别="代码电子版">
      <编号>No2</编号>
      <提交时间>2014.09.03</提交时间>
      <要求>按照要求，编写一份内部DTD......</要求>
    </作业>
  - <作业 类别="实验报告">
      <编号>No3</编号>
      <提交时间>2014.09.05</提交时间>
      <要求>按照要求，撰写实验报告......</要求>
    </作业>
  </平时作业>
```

| 文字 | 网格 | 模式 | WSDL | XBRL | Authentic | 浏览器 ▼ |

📖 ch03-12(属性类型-枚举类型).xml

图 3-22　枚举类型属性声明

3．ID 类型

声明为 ID 类型的属性，其属性值在 XML 文档中必须是唯一的。ID 类型的属性值不能以数字开头，必须以字母、下画线或者中文开头。

【例 3-13】 ID 类型属性声明应用。

（1）学习目标

1）理解 DTD 的基本结构。

2）理解掌握 DTD 对元素、属性的声明。

3）理解掌握元素次数限定符的应用。

4）掌握 ID 类型的属性声明与应用。

（2）编写 XML 文档

内部 DTD 定义说明：

① 定义根元素为"平时作业"。

② 根元素"平时作业"包含任意多个子元素"作业"。

③ 子元素"作业"包含只能出现一次的顺序性子元素"提交时间""要求"。

④ 子元素"提交时间""要求"只能包含字符数据。

⑤ 子元素"作业"拥有一个必须出现的 ID 类型的属性"编号"。

根据上述说明，对应的 XML 文档代码如下：

```
<?xml version="1.0" encoding="GB2312"?>
<!-- 属性类型：ID 类型 -->
<!-- FileName:ch03-13(属性类型-ID 类型).xml -->
<!DOCTYPE  平时作业[
<!ELEMENT  平时作业 (作业)*>
<!ELEMENT  作业 (提交时间,要求)>
<!ELEMENT  提交时间 (#PCDATA)>
<!ELEMENT  要求 (#PCDATA)>
<!ATTLIST  作业 编号 ID #REQUIRED>
```

```
]>
<平时作业>
    <作业 编号="No1">
        <提交时间>2014.09.01</提交时间>
        <要求>编写一份通讯录 XML 文档......</要求>
    </作业>
    <作业 编号="No2">
        <提交时间>2014.09.03</提交时间>
        <要求>按照要求，编写一份内部 DTD......</要求>
    </作业>
    <作业 编号="No3">
        <提交时间>2014.09.05</提交时间>
        <要求>按照要求，撰写实验报告......</要求>
    </作业>
</平时作业>
```

（3）显示结果

【例 3-13】在浏览器中的显示结果如图 3-23 所示。

```
<?xml version="1.0" encoding="GB2312"?>
<!-- 属性类型：ID类型 -->
<!-- FileName: ch03-13(属性类型-ID类型).xml -->
<!DOCTYPE 平时作业>
- <平时作业>
  - <作业 编号="No1">
        <提交时间>2014.09.01</提交时间>
        <要求>编写一份通讯录XML文档......</要求>
    </作业>
  - <作业 编号="No2">
        <提交时间>2014.09.03</提交时间>
        <要求>按照要求，编写一份内部DTD......</要求>
    </作业>
  - <作业 编号="No3">
        <提交时间>2014.09.05</提交时间>
        <要求>按照要求，撰写实验报告......</要求>
    </作业>
</平时作业>
```

| 文字 | 网格 | 模式 | WSDL | XBRL | Authentic | 浏览器 ▾ |

ch03-13(属性类型-ID类型).xml

图 3-23　ID 类型属性声明

根据上述的 DTD 定义，下面的"作业"元素是错误的，因为 ID 类型的属性值不能以数字开头，代码如下：

```
<作业 编号="4">
    <提交时间>2014.09.07</提交时间>
    <要求>按照要求，撰写实验报告......</要求>
</作业>
```

4. IDREF 类型

声明为 IDREF 类型的属性，其属性值必须引用其他元素的 ID 类型属性值，这样可以保证 IDREF 类型的属性值是 XML 文档中出现过的唯一的属性值。

【例 3-14】 IDREF 类型属性声明应用。

（1）学习目标

1）理解 DTD 的基本结构。

2）理解掌握 DTD 对元素、属性的声明。

3）理解掌握元素次数限定符的应用。

4）掌握 IDREF 类型的属性声明与应用。

（2）编写 XML 文档

内部 DTD 定义说明：

① 定义根元素为"课程成绩"。

② 根元素"课程成绩"包含顺序性子元素"课程""学生"，"课程"子元素只能出现一次，"学生"子元素可以出现任意多次。

③ 子元素"课程"至少包含一个"课程名"子元素。

④ 子元素"学生"包含顺序性子元素"学号""姓名""成绩"，"学号""姓名"子元素只能出现一次，"成绩"子元素至少出现一次。

⑤ 子元素"课程名""学号""姓名""成绩"只能包含字符数据。

⑥ 子元素"课程名"拥有一个必须出现的 ID 类型属性"课程编号"。

⑦ 子元素"成绩"拥有一个必须出现的 IDREF 类型属性"课程编号"，该属性引用 ID 类型属性"课程编号"的值。

根据上述说明，对应的 XML 文档代码如下：

```
<?xml version="1.0" encoding="GB2312"?>
<!-- 属性类型：IDREF 类型 -->
<!-- FileName:ch03-14(属性类型-IDREF 类型).xml -->
<!DOCTYPE   课程成绩[
<!ELEMENT  课程成绩 (课程,学生+)>
<!ELEMENT  课程 (课程名+)>
<!ELEMENT  学生 (学号,姓名,成绩+)>
<!ELEMENT  课程名 (#PCDATA)>
<!ELEMENT  学号 (#PCDATA)>
<!ELEMENT  姓名 (#PCDATA)>
<!ELEMENT  成绩 (#PCDATA)>
<!ATTLIST  课程名 课程编号 ID #REQUIRED>
<!ATTLIST  成绩   课程编号 IDREF #REQUIRED>
]>
<课程成绩>
     <课程>
          <课程名   课程编号="No1">Java 程序设计</课程名>
          <课程名   课程编号="No2">C++程序设计</课程名>
          <课程名   课程编号="No3">Java Web 应用开发</课程名>
     </课程>
     <学生>
          <学号>No1</学号>
```

```
                <姓名>张天</姓名>
                <成绩 课程编号="No1">90 分</成绩>
                <成绩 课程编号="No2">86 分</成绩>
                <成绩 课程编号="No3">80 分</成绩>
            </学生>
        </课程成绩>
```

（3）显示结果

【例 3-14】在浏览器中的显示结果如图 3-24 所示。

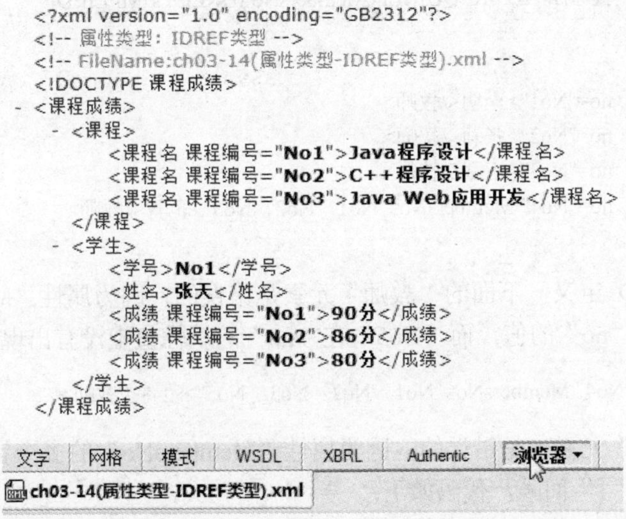

```
<?xml version="1.0" encoding="GB2312"?>
<!-- 属性类型：IDREF类型 -->
<!-- FileName:ch03-14(属性类型-IDREF类型).xml -->
<!DOCTYPE 课程成绩>
- <课程成绩>
    - <课程>
            <课程名 课程编号="No1">Java程序设计</课程名>
            <课程名 课程编号="No2">C++程序设计</课程名>
            <课程名 课程编号="No3">Java Web 应用开发</课程名>
        </课程>
    - <学生>
            <学号>No1</学号>
            <姓名>张天</姓名>
            <成绩 课程编号="No1">90分</成绩>
            <成绩 课程编号="No2">86分</成绩>
            <成绩 课程编号="No3">80分</成绩>
        </学生>
    </课程成绩>
```

| 文字 | 网格 | 模式 | WSDL | XBRL | Authentic | 浏览器 ▼ |

ch03-14(属性类型-IDREF类型).xml

图 3-24　IDREF 类型属性声明

5．IDREFS 类型

IDREFS 类型与 IDREF 类型相似，区别在于 IDREFS 类型的属性可以引用文档中多个元素的 ID 类型属性值作为其属性值，多个属性值用一对双引号或单引号括起来，属性值之间用空格间隔。

【例 3-15】 IDREFS 类型属性声明应用。

（1）学习目标

1）理解 DTD 的基本结构。

2）理解掌握 DTD 对元素、属性的声明。

3）理解掌握元素次数限定符的应用。

4）掌握 IDREFS 类型的属性声明与应用。

（2）编写 XML 文档

内部 DTD 定义说明：

① 定义根元素为"教师列表"。

② 根元素"教师列表"包含任意多个"教师"子元素。

③ 子元素"教师"只能包含字符数据。

④ 子元素"教师"拥有两个属性：一个必须出现的 ID 类型属性"no"、一个可选的

IDREFS 类型属性"MembersNo"。

根据上述说明，对应的 XML 文档代码如下：

```
<?xml version="1.0" encoding="GB2312"?>
<!-- 属性类型：IDREFS 类型 -->
<!-- FileName:ch03-15(属性类型-IDREFS 类型).xml -->
<!DOCTYPE 教师列表[
<!ELEMENT 教师列表 (教师)*>
<!ELEMENT 教师 (#PCDATA)>
<!ATTLIST 教师 no ID #REQUIRED MembersNo IDREFS #IMPLIED>
]>
<教师列表>
    <教师 no="No1">李明</教师>
    <教师 no="No2">张莉</教师>
    <教师 no="No3">王武</教师>
    <教师 no="No4" MembersNo="No1  No2  No3">范青</教师>
</教师列表>
```

根据上述 DTD 定义，下面的"教师"元素是错误的，因为属性"MembersNo"的属性值都必须来自属性"no"的值，而"No5"在"no"的属性值中没有出现过，代码如下：

```
<教师 no="No4" MembersNo="No1  No2  No3  No5">范青</教师>
```

下面的"教师"元素也是错误的，因为属性"MembersNo"的多个属性值之间只能用空格间隔，不能使用","间隔，代码如下：

```
<教师 no="No4" MembersNo="No1 No2 No3">范青</教师>
```

（3）显示结果

【例 3-15】在浏览器中的显示结果如图 3-25 所示。

```
<?xml version="1.0" encoding="GB2312"?>
<!-- 属性类型：IDREFS类型 -->
<!-- FileName:ch03-15(属性类型-IDREFS类型).xml -->
<!DOCTYPE 教师列表>
- <教师列表>
    <教师 no="No1">李明</教师>
    <教师 no="No2">张莉</教师>
    <教师 no="No3">王武</教师>
    <教师 no="No4" MembersNo="No1 No2 No3">范青</教师>
  </教师列表>
```

| 文字 | 网格 | 模式 | WSDL | XBRL | Authentic | 浏览器 ▾ |

🖳 ch03-15(属性类型-IDREFS类型).xml

图 3-25 IDREFS 类型属性声明

3.3.3 属性附加声明

在 DTD 属性声明列表中，除了必须为属性声明属性类型外，有时还需要为属性添加附加声明部分。属性附加声明可以指明属性是必要的还是可选的、是预定义的固定值还是属性值省略时的默认值。XML 中提供以下 4 种属性附加声明：

1）#REQUIRED。

2）#IMPLIED。

3）#FIXED。

4）默认值。

1. #REQUIRED

属性附加声明#REQUIRED 表示属性必须在元素中出现。

例如，下面的属性声明语句为元素"课程名"声明一个必须出现的 ID 类型属性"课程编号"，代码如下：

```
<!ATTLIST 课程名 课程编号 ID #REQUIRED>
```

根据上述属性声明语句，下面的"课程名"元素是有效的，代码如下：

```
<课程名  课程编号="No1">Java 程序设计</课程名>
```

而下面的"课程名"元素则是错误的：

```
<课程名>Java 程序设计</课程名>
```

2. #IMPLIED

属性附加声明#IMPLIED 表示属性是可选的。

例如，下面的属性声明语句为元素"教师"声明一个必须出现的 ID 类型属性"no"，还声明一个可选的 IDREFS 类型属性"MembersNo"，代码如下：

```
<!ATTLIST 教师 no ID #REQUIRED MembersNo IDREFS #IMPLIED>
```

根据上述属性声明语句，下面的两个"教师"元素都是有效的：

```
<教师 no="No3">王武</教师>
<教师 no="No4" MembersNo=" No3">范青</教师>
```

而下面的"教师"元素是错误的：

```
<教师 MembersNo="No3">范青</教师>
```

3. #FIXED

属性附加声明#FIXED 表示属性值是固定的，即属性值只能是属性声明时设定的值，不能重新赋予新值。

属性附加声明为#FIXED 的属性，在 XML 文档对应的元素中可以不用明确指出该属性，XML 处理器会自动赋予该属性设定的值。因为 ID 类型的属性值要求唯一，所以在声明 ID 类型属性时不能使用属性的附加声明#FIXED。

声明属性的附加声明为#FIXED 时，必须在#FIXED 后设定一个固定的属性值，#FIXED 与属性值之间必须用至少一个空格间隔，属性值需要用双引号或单引号括起来。

例如，下面的代码为元素"学生"声明一个属性值固定的"班主任"属性：

```
<!ATTLIST 学生 班主任 CDATA #FIXED "范青">
```

根据上述属性声明语句，下面的两个"学生"元素都是有效的元素：

```
<学生 班主任="范青">刘刚</学生>
<学生>刘刚</学生>
```

而下面的"学生"元素是错误的：

```
<学生 班主任="孙琦">刘刚</学生>
```

4．默认值

默认值是指默认设定的一个属性值，用单引号或者双引号括起来。属性声明时指定默认值的元素属性，在 XML 文档中该元素可以不用明确给出该属性，也可以重新给该属性赋予新值。因为 ID 类型的属性值要求唯一，所以在声明 ID 类型属性时不能指定属性的默认值。

例如，下面的代码为"平时作业"元素声明默认值为"上机实践"的"类别"属性：

```
<!ATTLIST 平时作业 类别 CDATA  "上机实践">
```

根据上述属性声明语句，下面的"平时作业"元素都是有效的元素：

```
<平时作业 类别="上机实践">定义符合要求的内部 DTD... </平时作业>
<平时作业>定义符合要求的内部 DTD... </平时作业>
<平时作业 类别="书面">定义符合要求的内部 DTD... </平时作业>
```

3.4 DTD 对实体的声明

在第 2.5 节介绍了 XML 文档中的 5 个特殊字符的预定义实体引用，但是仅仅有这样 5 个预定义实体还不够，在 XML 文档中有时还需要载入大量数据或文本字段，载入的这个载体就是实体。

3.4.1 实体基本概念

XML 中的实体可以理解为一个或多个存储单元，存储的内容可以是格式良好的 XML 文档，也可以是其他形式的文本或二进制数据，如一个格式良好的 XML 文档是一个实体（称为文档实体），外部 DTD 文件也是一个实体。

3.4.2 实体分类

根据不同的分类方法，XML 中的实体对应不同的实体类型，主要的 XML 实体类型如下。

1．普通实体与参数实体

根据实体引用的位置，可以把实体分为普通实体（也称为一般实体、通用实体，简称实体）和参数实体。普通实体只能在 XML 文档中使用，如预定义实体引用"<"">""&""'""""中的实体都是普通实体；而参数实体定义在 DTD 文件中，只能由 DTD 文件本身通过实体引用使用参数实体。参数实体与关联的 XML 文档无关。

2．内部实体与外部实体

根据实体内容与 DTD 的包含关系，可以把实体分为内部实体与外部实体。内部实体是指实体内容包含在 DTD 文件中；而外部实体通常是一个独立存在的外部文件，在 DTD 中引用外部实体时需要指定该实体的位置。

3．解析实体和未解析实体

根据实体本身的内容，可以把实体分为解析实体和不可解析实体。包含 XML 文本、字符、数字的实体为可解析实体；包含图像、声音、视频等二进制数据的实体为不可解析实体。

在实际应用中，上述几种类型的实体相互组合可以构成更多种类的实体，如内部普通实体、外部普通实体、内部参数实体、外部参数实体、内部可解析实体等。本章主要介绍内部普通实体、外部普通实体、内部参数实体、外部参数实体的应用。

3.4.3 普通实体

普通实体主要用在 XML 文档的内容中，根据 DTD 中的引用方式，普通实体可以分为内部普通实体和外部普通实体。

1．内部普通实体

内部普通实体是指实体内容包含在 DTD 文件中，且在 XML 文档中引用该实体。内部普通实体的内容一般是使用频率较高或者是大块的文本内容。

DTD 中内部普通实体声明的语法格式如下：

<!ENTITY 实体名 实体值>

说明：

① "<!ENTITY" 是实体声明的开始，关键字 ENTITY 必须大写。

② 声明语句中的"实体名"必须以字母或下画线开头，并且区分大小写。

③ 声明语句中的"实体值"表示实体的内容，一般是用单引号或者双引号括起来的文本数据，文本中不能包含特殊字符"<"">""&""'"""""。

XML 文档引用内部普通实体的语法格式如下：

&实体名;

其中，"&"与"实体名"之间不能有空格，"实体名"后的分号";"不能缺少。

【例 3-16】 内部普通实体的应用。

（1）学习目标

1）掌握内部 DTD 的定义。

2）理解掌握内部普通实体的声明。

3）理解掌握内部普通实体的引用。

（2）编写 XML 文档

内部 DTD 定义说明：

① 定义根元素为"影片集"。

② 根元素"影片集"包含任意多个子元素"影片"。

③ 子元素"影片"包含只能出现一次的顺序性子元素"影片名""导演""主演""简介"。

④ 子元素"影片名""导演""主演""简介"只能包含字符数据。

根据上述说明，对应的 XML 文档代码如下：

```
<?xml version="1.0" encoding="GB2312"?>
```

<!-- 内部普通实体 -->
<!-- FileName:ch03-16(内部普通实体的应用).xml -->
<!DOCTYPE　影片集[
<!ELEMENT 影片集 (影片)*>
<!ELEMENT 影片 (影片名,导演,主演,简介)>
<!ELEMENT 影片名 (#PCDATA)>
<!ELEMENT 导演 (#PCDATA)>
<!ELEMENT 主演 (#PCDATA)>
<!ELEMENT 简介 (#PCDATA)>
<!ENTITY filmIntro "影片<<忠犬八公的故事>>改编自 1933 年发生在日本的真实故事，由莱塞.霍尔斯道姆执导，理查.基尔、琼.艾伦和萨拉.罗默尔等联袂出演。影片于 2009 年 8 月 8 日在故事的原型故乡日本率先上映。影片讲述一位大学教授收养了一只小秋田犬，取名"八公"。之后的每天，八公早上将教授送到车站，傍晚等待教授一起回家。不幸的是，教授因病辞世，再也没有回到车站，然而八公在之后的 9 年时间里依然每天按时在车站等待，直到最后死去。">
]>
<影片集>
　　<影片>
　　　　　　<影片名>忠犬八公的故事</影片名>
　　　　　　<导演>莱塞·霍尔斯道姆</导演>
　　　　　　<主演>理查·基尔，琼·艾伦，萨拉·罗默尔</主演>
　　　　　　<简介>&filmIntro;</简介>
　　　　</影片>
</影片集>

（3）显示结果

【例 3-16】在浏览器中的显示结果如图 3-26 所示。

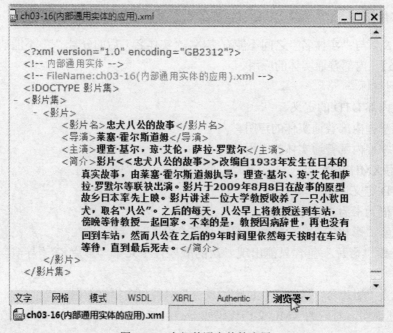

图 3-26　内部普通实体的应用

2．外部普通实体

外部普通实体通常是一个独立存在的文件，定义在 XML 文档的外部。

根据外部普通实体的定义及认可程度，其声明格式也不同。

1）由个人或工作小组定义并认可的外部普通实体，其声明格式如下：

<!ENTITY 实体名称 SYSTEM 外部实体文件>

本节内容主要以此类型的外部实体为例。

2）由某一行业或领域定义并认可的外部普通实体，其声明格式如下：

<!ENTITY 实体名称 PUBLIC 公用标识符 外部实体文件>

引用外部普通实体的语法格式如下：

&实体名;

【例 3-17】 外部普通实体的应用。

（1）学习目标

1）掌握内部 DTD 的定义。

2）理解掌握外部普通实体的声明。

3）理解掌握外部普通实体的引用。

（2）编写 XML 文档

1）编写外部普通实体文件，文件命名为"ch03-17(外部普通实体文件).txt"。

```
<联系方式>
      <手机>13312345678</手机>
      <固话>010-12345678</固话>
      <电子邮件>86754321@qq.com</电子邮件>
      <监护人电话>15512345678</监护人电话>
</联系方式>
```

2）编写 XML 文档。

在内部 DTD 中声明一个外部普通实体"contacts"，外部实体文件为同一目录下的文本文件"ch03-17(外部普通实体文件).txt。

XML 文档代码如下：

```
<?xml version="1.0" encoding="GB2312"?>
<!-- 外部普通实体 -->
<!-- FileName:ch03-17(外部普通实体的应用).xml -->
<!DOCTYPE  学生信息[
<!ELEMENT  学生信息 (学生)*>
<!ELEMENT  学生 (学号,姓名,性别,年龄,联系方式)>
<!ELEMENT  学号 (#PCDATA)>
<!ELEMENT  姓名 (#PCDATA)>
<!ELEMENT  性别 (#PCDATA)>
<!ELEMENT  年龄 (#PCDATA)>
<!ELEMENT  联系方式 (手机,固话,电子邮件,监护人电话)>
```

```
<!ELEMENT 手机 (#PCDATA)>
<!ELEMENT 固话 (#PCDATA)>
<!ELEMENT 电子邮件 (#PCDATA)>
<!ELEMENT 监护人电话 (#PCDATA)>
<!ENTITY contacts SYSTEM    "ch03-17(外部普通实体文件).txt">
]>
<学生信息>
    <学生>
        <学号>No01</学号>
        <姓名>王宇</姓名>
        <性别>男</性别>
        <年龄>20</年龄>
        <!-- 引用外部普通实体 -->
        &contacts;
    </学生>
</学生信息>
```

（3）显示结果

【例 3-17】在浏览器中的显示结果如图 3-27 所示。从图中可以看到，XML 文档无法显示当前引用的外部普通实体文件的内容。这主要是因为在 XML 文档中引用内部 DTD 声明的外部实体可能会存在安全问题，所以目前大多数新版本的主流浏览器不再支持这种外部普通实体的引用。

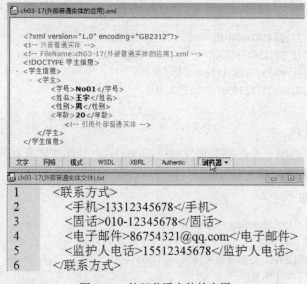

图 3-27 外部普通实体的应用

3.4.4 参数实体

参数实体的内容不仅可以包含文本，还可以包含元素声明、属性声明等内容。只有在 DTD 中才能引用参数实体，而且多数情况下都是在外部 DTD 中引用。参数实体主要分为内部参数实体和外部参数实体。

1. 内部参数实体

内部参数实体是指在 DTD 内部声明，且在该 DTD 中引用的实体，其声明格式如下：

<!ENTITY %　实体名称 实体内容>

符号"%"表示声明参数实体，"%"的前后都需要有空格。

在 DTD 中引用内部参数实体的语法格式如下：

%实体名称;

【例3-18】 内部参数实体的应用。

（1）学习目标

1）掌握外部 DTD 的定义。

2）理解掌握内部参数实体的声明。

3）理解掌握内部参数实体的引用。

（2）定义外部 DTD，编写 XML 文档

1）定义外部 DTD。

在外部 DTD 中，声明一个内部参数实体且引用这个实体，DTD 定义如下：

```
<?xml version="1.0" encoding="GB2312"?>
<!--内部参数实体应用-外部 DTD 文件 -->
<!-- FileName:ch03-18(内部参数实体的应用-外部 DTD 文件).dtd -->
<!ELEMENT 学生信息 (学生)*>
<!ELEMENT 学生 (学号, 姓名, 性别, 年龄, 联系方式)>
<!ELEMENT 学号 (#PCDATA)>
<!ELEMENT 姓名 (#PCDATA)>
<!ELEMENT 性别 (#PCDATA)>
<!ELEMENT 年龄 (#PCDATA)>
<!--声明内部参数实体 -->
<!ENTITY  %  contacts "(手机,固话,电子邮件,监护人电话)">
<!ELEMENT 联系方式 %contacts;>
<!ELEMENT 手机 (#PCDATA)>
<!ELEMENT 固话 (#PCDATA)>
<!ELEMENT 电子邮件 (#PCDATA)>
<!ELEMENT 监护人电话 (#PCDATA)>
```

2）编写 XML 文档，在文档中引用上述外部 DTD，XML 文档代码如下：

```
<?xml version="1.0" encoding="GB2312"?>
<!--内部参数实体应用 -->
<!-- FileName:ch03-18(内部参数实体的应用).xml -->
<!DOCTYPE 学生信息 SYSTEM "ch03-18(内部参数实体的应用-外部 DTD 文件).dtd">
<学生信息>
    <学生>
        <学号>No01</学号>
        <姓名>王宇</姓名>
        <性别>男</性别>
```

```
        <年龄>20</年龄>
        <联系方式>
                <手机>13312345678</手机>
                <固话>010-12345678</固话>
                <电子邮件>86754321@qq.com</电子邮件>
                <监护人电话>15512345678</监护人电话>
        </联系方式>
    </学生>
</学生信息>
```

（3）显示结果

【例 3-18】在浏览器中的显示结果如图 3-28 所示。

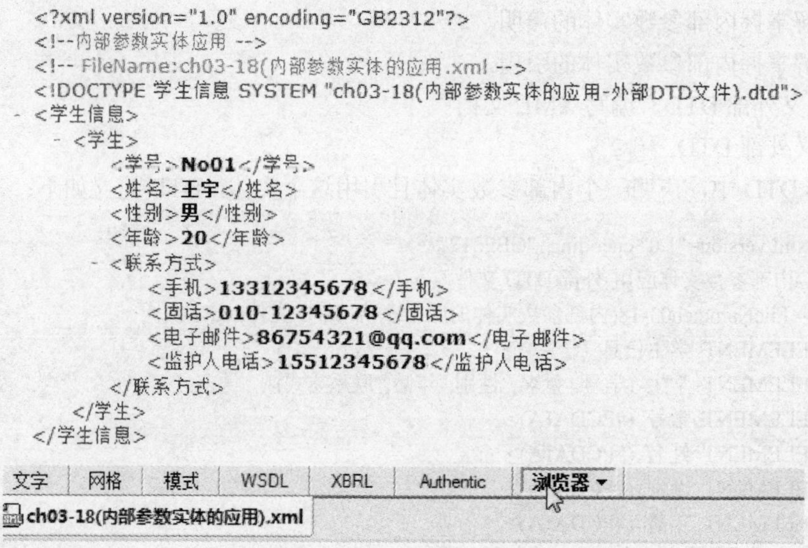

```
<?xml version="1.0" encoding="GB2312"?>
<!--内部参数实体应用 -->
<!-- FileName:ch03-18(内部参数实体的应用.xml -->
<!DOCTYPE 学生信息 SYSTEM "ch03-18(内部参数实体的应用-外部DTD文件).dtd">
- <学生信息>
    - <学生>
        <学号>No01</学号>
        <姓名>王宇</姓名>
        <性别>男</性别>
        <年龄>20</年龄>
        - <联系方式>
            <手机>13312345678</手机>
            <固话>010-12345678</固话>
            <电子邮件>86754321@qq.com</电子邮件>
            <监护人电话>15512345678</监护人电话>
        </联系方式>
    </学生>
</学生信息>
```

文字	网格	模式	WSDL	XBRL	Authentic	浏览器 ▾

🖳 ch03-18(内部参数实体的应用).xml

图 3-28   内部参数实体的应用

2. 外部参数实体

外部参数实体是指定义在 DTD 文件之外的 DTD 片段，其声明格式如下：

<!ENTITY %　实体名称　SYSTEM　外部参数实体文件>

引用外部参数实体的语法格式如下：

%实体名称;

【例 3-19】　外部参数实体的应用。

（1）学习目标

1）掌握外部 DTD 的定义。

2）理解掌握外部参数实体的声明。

3）理解掌握外部参数实体的引用。

（2）定义外部 DTD，编写 XML 文档

1）编写外部参数实体文件：

```
<?xml version="1.0" encoding="GB2312"?>
<!--外部参数实体应用-外部参数实体文件 -->
<!-- FileName:ch03-19(外部参数实体的应用-外部参数实体文件).dtd -->
<!ELEMENT 联系方式 (手机,固话,电子邮件,监护人电话)>
<!ELEMENT 手机 (#PCDATA)>
<!ELEMENT 固话 (#PCDATA)>
<!ELEMENT 电子邮件 (#PCDATA)>
<!ELEMENT 监护人电话 (#PCDATA)>
```

2）定义外部 DTD。

在外部 DTD 中，声明一个外部参数实体且引用这个实体，DTD 代码如下：

```
<?xml version="1.0" encoding="GB2312"?>
<!--外部参数实体应用-外部 DTD -->
<!-- FileName:ch03-19(外部参数实体的应用-外部 DTD).dtd -->
<!ELEMENT 学生信息 (学生)*>
<!ELEMENT 学生 (学号, 姓名, 性别, 年龄, 联系方式)>
<!ELEMENT 学号 (#PCDATA)>
<!ELEMENT 姓名 (#PCDATA)>
<!ELEMENT 性别 (#PCDATA)>
<!ELEMENT 年龄 (#PCDATA)>
<!ENTITY % contacts SYSTEM "ch03-19(外部参数实体的应用-外部参数实体文件).dtd ">
%contacts;
```

3）编写 XML 文档。

根据 2）中定义的外部 DTD，对应的 XML 文档代码如下：

```
<?xml version="1.0" encoding="UTF-8"?>
<!DOCTYPE 学生信息 SYSTEM "ch03-19(外部参数实体的应用-外部 DTD).dtd">
<学生信息>
    <学生>
        <学号>No01</学号>
        <姓名>王宇</姓名>
        <性别>男</性别>
        <年龄>20</年龄>
        <联系方式>
            <手机>13312345678</手机>
            <固话>010-12345678</固话>
            <电子邮件>86754321@qq.com</电子邮件>
            <监护人电话>15512345678</监护人电话>
        </联系方式>
    </学生>
</学生信息>
```

（3）显示结果

【例 3-19】在浏览器中的显示结果如图 3-29 所示。

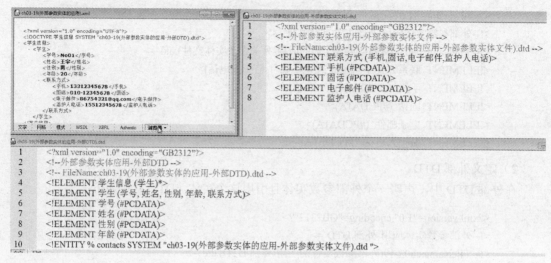

图 3-29　外部参数实体的应用

3.5　实训

1. 实训目标

1）掌握 DTD 的基本结构。

2）掌握 DTD 的引用。

3）掌握 DTD 元素声明、元素类型。

4）掌握 DTD 属性声明、属性类型、属性附加声明。

5）掌握 DTD 实体声明与引用。

2. 实训内容

1）编写外部参数实体文件。

外部参数实体文件的定义说明：

① 声明元素"出厂信息"。

② 元素"出厂信息"包含只能出现一次的顺序性子元素"厂名""出厂时间""检验合格证""检验员"。

③ 子元素"厂名""出厂时间""检验合格证""检验员"只能包含字符数据。

2）定义外部 DTD。

外部 DTD 的定义说明：

① 定义根元素为"商品信息汇总"。

② 根元素"商品信息汇总"包含任意多个子元素"商品"。

③ 子元素"商品"包含只能出现一次的顺序性子元素"编号""名称""价格""数量""出厂信息"。

④ 子元素"编号""名称""价格""数量"只能包含字符数据。

⑤ 声明一个外部参数实体，对应文件为1）中编写的外部参数实体文件。

⑥ 引用⑤中声明的外部参数实体。

3）根据外部 DTD 编写 XML 文档。

3. 实训步骤

1）编写外部参数实体文件，代码如下：

```
<?xml version="1.0" encoding="GB2312"?>
<!--实训-->
<!--FileName:ch03-20(实训-外部参数实体).dtd -->
<!ELEMENT 出厂信息 (厂名, 出厂时间, 检验合格证, 检验员)>
<!ELEMENT 厂名 (#PCDATA)>
<!ELEMENT 出厂时间 (#PCDATA)>
<!ELEMENT 检验合格证 (#PCDATA)>
<!ELEMENT 检验员 (#PCDATA)>
```

该外部参数实体文件的网格示意图如图 3-30 所示。

图 3-30 外部参数实体文件结构

2）编写外部 DTD，其代码如下：

```
<?xml version="1.0" encoding="GB2312"?>
<!--实训-->
<!--FileName:ch03-20(实训-外部 DTD).dtd -->
<!ELEMENT 商品信息汇总 (商品)+>
<!ELEMENT 商品 (编号,名称,价格,数量,出厂信息)>
<!ELEMENT 编号 (#PCDATA)>
<!ELEMENT 名称 (#PCDATA)>
<!ELEMENT 价格 (#PCDATA)>
<!ELEMENT 数量 (#PCDATA)>
<!ENTITY % facInfo SYSTEM "ch03-20(实训-外部参数实体).dtd">
```

%facInfo;
<!ATTLIST 商品 类别 (电器|食品|水果|服装|日用品|文具) #REQUIRED>
<!ATTLIST 价格 币种 CDATA   "人民币" 单位 CDATA "元">
<!ATTLIST 数量 单位   CDATA #IMPLIED>

该外部 DTD 的网格示意图如图 3-31 所示。

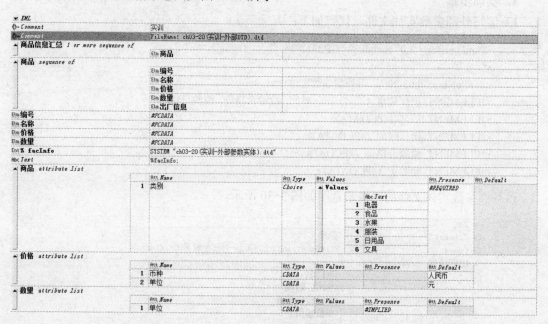

图 3-31　外部 DTD

3）编写 XML 文档。

根据 2）中的外部 DTD 定义，对应的 XML 文档代码如下：

```
<?xml version="1.0" encoding="GB2312"?>
<!--实训-->
<!--FileName:ch03-20(实训).xml -->
<!DOCTYPE 商品信息汇总 SYSTEM "ch03-20(实训-外部 DTD).dtd">
<商品信息汇总>
    <商品 类别="日用品">
        <编号>C01</编号>
        <名称>牙膏</名称>
        <价格 币种="人民币" 单位="元">12.8</价格>
        <数量 单位="支">1000</数量>
        <出厂信息>
```

```
                <厂名>黑妹牙膏厂</厂名>
                <出厂时间>2014.08.09</出厂时间>
                <检验合格证>Q1</检验合格证>
                <检验员>检 01</检验员>
            </出厂信息>
        </商品>
        <商品 类别="电器">
            <编号>E01</编号>
            <名称>冰箱</名称>
            <价格 币种="人民币" 单位="元">12.8</价格>
            <数量 单位="个">1000</数量>
            <出厂信息>
                <厂名>三星冰箱</厂名>
                <出厂时间>2014.06.09</出厂时间>
                <检验合格证>Q2</检验合格证>
                <检验员>检 02</检验员>
            </出厂信息>
        </商品>
        <商品 类别="文具">
            <编号>S01</编号>
            <名称>铅笔</名称>
            <价格 币种="人民币" 单位="元">1.2</价格>
            <数量 单位="筒">2000</数量>
            <出厂信息>
                <厂名>晨光公司</厂名>
                <出厂时间>2014.06.09</出厂时间>
                <检验合格证>Q3</检验合格证>
                <检验员>检 03</检验员>
            </出厂信息>
        </商品>
        <商品 类别="服装">
            <编号>D01</编号>
            <名称>连衣裙</名称>
            <价格 币种="人民币" 单位="元">269</价格>
            <数量 单位="件">100</数量>
            <出厂信息>
                <厂名>茵曼</厂名>
                <出厂时间>2014.03.04</出厂时间>
                <检验合格证>Q4</检验合格证>
                <检验员>检 04</检验员>
            </出厂信息>
        </商品>
    </商品信息汇总>
```

该 XML 文档的显示结果如图 3-32 所示。

```
<?xml version="1.0" encoding="GB2312"?>
<!--实训-->
<!--FileName: ch03-20(实训).xml -->
<!DOCTYPE 商品信息汇总 SYSTEM "ch03-20(实训-外部
DTD).dtd">
<商品信息汇总>
   <商品 类别="日用品">
      <编号>C01</编号>
      <名称>牙膏</名称>
      <价格 单位="元" 币种="人民币">12.8</价格>
      <数量 单位="支">1000</数量>
      <出厂信息>
         <厂名>黑妹牙膏厂</厂名>
         <出厂时间>2014.08.09</出厂时间>
         <检验合格证>Q1</检验合格证>
         <检验员>检01</检验员>
      </出厂信息>
   </商品>
   <商品 类别="电器">
      <编号>E01</编号>
      <名称>冰箱</名称>
      <价格 单位="元" 币种="人民币">12.8</价格>
      <数量 单位="个">1000</数量>
      <出厂信息>
         <厂名>三星冰箱</厂名>
         <出厂时间>2014.06.09</出厂时间>
         <检验合格证>Q2</检验合格证>
         <检验员>检02</检验员>
      </出厂信息>
   </商品>
   <商品 类别="文具">
      <编号>S01</编号>
      <名称>铅笔</名称>
      <价格 单位="元" 币种="人民币">1.2</价格>
      <数量 单位="筒">2000</数量>
      <出厂信息>
         <厂名>晨光公司</厂名>
         <出厂时间>2014.06.09</出厂时间>
         <检验合格证>Q3</检验合格证>
         <检验员>检03</检验员>
      </出厂信息>
   </商品>
   <商品 类别="服装">
      <编号>D01</编号>
      <名称>连衣裙</名称>
      <价格 单位="元" 币种="人民币">269</价格>
      <数量 单位="件">100</数量>
      <出厂信息>
         <厂名>茵曼</厂名>
         <出厂时间>2014.03.04</出厂时间>
         <检验合格证>Q4</检验合格证>
         <检验员>检04</检验员>
      </出厂信息>
   </商品>
</商品信息汇总>
```

图 3-32　XML 文档

3.6　习题

1. 什么是 DTD? DTD 的作用是什么? DTD 有哪些分类?
2. 简述内部 DTD 的基本结构。
3. 简述外部 DTD 的基本结构。
4. DTD 元素声明的主要类型有哪些?
5. DTD 元素声明中元素次数限定符"*""?""+"分别代表什么含义?

6. DTD 属性声明的附加声明"#REQUIRED""#IMPLIED""#FIXED"分别代表什么含义?

7. 什么是实体? 实体的主要分类有哪些?

8. 根据下列描述创建一个外部 DTD, 然后编写 XML 文档, 在文档中引用该外部 DTD。

外部 DTD 定义说明:

① 定义根元素为"学生列表"。

② 根元素"学生列表"至少包含一个子元素"校区"。

③ 子元素"校区"至少包含一个子元素"班级", 且拥有一个必须出现的 CDATA 类型属性"校区名"。

④ 子元素"班级"至少包含一个子元素"学生", 且拥有一个必须出现的 CDATA 类型属性"班级名"。

⑤ 子元素"学生"包含只能出现一次的顺序性子元素"学号""姓名""性别""年龄""联系方式""家庭住址"。

⑥ 子元素"学号""姓名""性别""年龄""家庭住址"只能包含字符数据。

⑦ 子元素"联系方式"是一个空元素, 它拥有 3 个属性: 必须出现的 CDATA 类型属性"手机"、可选的 CDATA 类型属性"QQ"、可选的 CDATA 类型属性"Email"。

请根据上述描述完成外部 DTD 文件的编写和 XML 文档的编写, 并查看显示结果。

第 4 章　使用 CSS 格式化 XML 文档

XML 主要用来描述数据、揭示数据本身的含义，因此 XML 可以用来描述、储存、共享各种格式的数据，但是 XML 却无法体现数据的显示格式。如果要把 XML 文档包含的数据按照一定的格式显示出来，需要借助样式表语言来描述数据的显示格式，本书主要介绍 CSS（Cascading Style Sheets，层叠样式表或级联样式表）、XSL（eXtensible Stylesheet Language，可扩展样式表语言）两种样式表技术。本章主要详细介绍使用 CSS 样式表显示 XML 文档的方法与步骤，并详细阐述 CSS 的基本语法、常用属性等内容。因为各浏览器对 CSS 的支持力度不同，所以若 IE 浏览器不能正确显示链接 CSS 文件的 XML 文档，请更换浏览器，如谷歌浏览器或其他浏览器。

4.1　CSS 概述

CSS（层叠样式表）是由 W3C 定义和维护的标准，目前最新版本为 CSS3。CSS 可以为结构化文档（如 HTML 或 XML）添加样式，如字体、颜色等。

CSS 包含一组格式设置规则，主要用于控制页面的外观。使用 CSS 格式化 HTML 或 XML 文档有许多优势，如实现了显示内容与表现形式的分离、便于统一定义和修改文档格式等。

4.2　CSS 格式化 XML 文档的步骤

使用 CSS 格式化 XML 文档的步骤如下：

1）创建 XML 文档。

2）创建 CSS 样式表，单独保存为一个扩展名为.css 的样式表文件。

3）把 2）中创建的 CSS 样式表链接到 XML 文档。

把 CSS 样式表链接到 XML 文档的语法格式如下：

<?xml-stylesheet type="text/css" href="CSS 样式表"?>

说明：

① CSS 样式表链接语句是一条处理指令，必须放在 XML 声明语句之后。

② "<" 与 "?" 之间、"?" 与 "xml-stylesheet" 之间不能有空格。

③ type 属性值 "text/css" 表示使用 CSS 样式表文件格式化 XML 文档。

④ href 属性表示使用的 CSS 文件，其中文件路径可以使用绝对路径，也可以使用相对路径。

⑤ 多个属性之间至少用一个空格分隔。

4.3　CSS 基本语法

在 CSS 文件中，设置 XML 元素显示样式的语法格式如下：

> **XML 元素名 1, XML 元素名 2,...,XML 元素名 n{属性 1:属性值 1；属性 2:属性值 2;...；属性 n:属性值 n;}**

或写成以下格式：

> **XML 元素名 1, XML 元素名 2,...,XML 元素名 n**
> **{**
> 　　**属性 1:属性值 1；**
> 　　**属性 2:属性值 2；**
> 　　**...；**
> 　　**属性 n:属性值 n；**
> **}**

其中 n≥1。

说明：

① 可以为一个 XML 元素设置显示样式，也可以为拥有相同显示样式的多个元素同时设置显示样式，多个元素之间用符号"，"间隔。

② 设置显示样式信息的多个属性之间用符号"；"间隔。

③ 属性与属性值之间用":"分隔。

④ 样式设置中出现的符号都必须是英文输入状态下的半角符号。

【例 4-1】　简单的 CSS 应用。

（1）学习目标

1）了解 CSS 样式表的作用。

2）了解 CSS 格式化 XML 文档的步骤。

3）了解 CSS 的语法结构。

（2）使用 CSS 格式化 XML 文档

1）编写 XML 文档。

```
<?xml version="1.0" encoding="GB2312"?>
<!--CSS 显示 XML 文档的简单实例 -->
<!--FileName:ch04-1(CSS 显示 XML 示例).xml -->
<CSS 显示 XML 示例>
    <段 1>使用 CSS 格式化 XML 文档的第一个例子!</段 1>
    <段 2>欢迎使用 CSS 格式化 XML 文档! </段 2>
</CSS 显示 XML 示例>
```

2）编写 CSS 文件。

```
/* 显示 ch04-1(CSS 显示 XML 示例).xml 文档的 CSS 文件  */
/*  FileName:ch04-1(CSS 显示 XML 示例).css */
段 1
{
```

```
            color: #ff00ff;
            font-size:25pt;
            display:block;
    }
    段 2
    {
            color: blue;
            font-size:15pt;
            display:block;
    }
```

代码说明：

① XML 元素"段 1"的格式设置信息：用"#ff00ff"颜色、"25pt"大小的字体、在一个独立的块（block）中显示元素内容。

② XML 元素"段 2"的格式设置信息：用"blue"颜色、"15pt"大小的字体、在一个独立的块（block）中显示元素内容。

③ "/*...*/"之间的内容为 CSS 注释。

3）把 CSS 样式表链接到 XML 文档。

在 1）中编写的 XML 文档中添加下面的处理指令，把 CSS 文件链接到 XML 文档：

```
<?xml-stylesheet type="text/css" href="ch04-1(CSS 显示 XML 示例).css"?>
```

添加上述处理指令后，序文部分代码截图如图 4-1 所示。

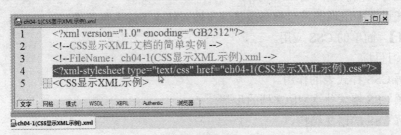

图 4-1　代码截图

（3）CSS 格式化后的显示结果

【例 4-1】的显示结果如图 4-2 所示，从图中可以看到，经 CSS 样式表格式化后的 XML 文档数据，已经按照设定的样式显示在页面上。

图 4-2　简单的 CSS 应用实例

4.4 CSS 常用属性

CSS 使用"属性:属性值"对指定 XML 元素的显示样式，CSS 拥有丰富的属性及对应的属性值，本章重点介绍以下常用的 CSS 属性。

1）显示属性。
2）字体属性。
3）颜色属性。
4）边框属性。
5）背景属性。
6）布局属性。
7）文本属性。

4.4.1 显示属性

在 CSS 中，显示属性 display 可以设置元素内容文本的显示方式。display 的属性值有 4 个，分别对应 4 种不同的显示方式。

1. block

属性值 block 表示元素内容文本在页面上显示在一个矩形区域中，或者说以块的形式显示。文本块默认以左对齐方式显示，块的大小取决于元素内容文本的多少。block 属性值对应的显示方式实现了元素内容的换行显示，其设置格式如下：

> **XML 元素名{display:block;}**

2. inline

属性值 inline 表示元素内容文本在页面上以行的方式显示，内容在一行显示不下，会在下一行继续输出，直至输出完毕，其设置格式如下：

> **XML 元素名{display:inline;}**

3. list-item

属性值 list-item 表示元素内容文本在页面上以列表方式显示，其设置格式如下：

> **XML 元素名{display:list-item;}**

元素内容文本以 list-item 方式显示时，列表项目符号的默认外观是实心圆，使用属性 "list-style-type" 可以设置列表项目符号的外观。list-style-type 属性的取值如下。

- disc：实心圆。
- circle：空心圆。
- square：方块。
- decimal：十进制数字。
- lower-roman：小写罗马数字。
- upper-roman：大写罗马数字。

使用列表方式显示内容文本时，需要添加一个边距属性指明显示内容与页面边距的距离，否则无法显示列表项目符号。有关边距属性的内容将在后面介绍。例如，下面的代码设置元素"title"的内容以列表方式显示，列表项目符号为空心圆，显示内容与页面左边距的距离为25pt（pt为长度单位，1pt=1/72inch，inch代表英寸，1英寸≈2.54厘米），代码如下：

```
title
{
        display: list-item;
        list-style-type:circle;
        margin-left:25pt;
}
```

4．none

属性值 none 表示在页面上不显示元素内容，因此可以隐藏不需要显示的元素内容，其设置格式如下：

XML 元素名{display:none;}

【例4-2】 display 属性的应用。

（1）学习目标

1）了解 CSS 样式表的作用。

2）掌握 CSS 显示 XML 文档的步骤。

3）掌握 CSS 文件的创建。

4）掌握 display 属性4个属性值的含义及应用。

5）掌握 list-style-type 属性的6个属性值的含义及应用。

（2）使用 CSS 格式化 XML 文档

1）编写 XML 文档。

```
<?xml version="1.0" encoding="GB2312"?>
<!--CSS 常用属性：display 属性应用-->
<!--FileName:ch04-2(CSS 常用属性-display 属性应用).xml-->
<display 属性应用>
        <块1>块1：以块方式显示内容。</块1>
        <块2>块2：以块方式显示内容。观察是否与块1的内容换行分隔。</块2>
        <行1>行1：第一行</行1>
        <行2>行2：第二行，观察此行是否紧跟在第一行内容的后边？</行2>
        <城市列表>
                城市列表：
                <北京>BeiJing</北京>
                <上海>ShangHai</上海>
                <广州>GuangZhou</广州>
        </城市列表>
        <兴趣列表>
                兴趣列表：
                <读书>Reading</读书>
                <游泳>Swimming</游泳>
```

```
                <音乐>Music</音乐>
            </兴趣列表>
            <水果列表>
                水果列表：
                <苹果>Apple</苹果>
                <橘子>Orange</橘子>
                <葡萄>Grape</葡萄>
            </水果列表>
            <等级列表>
                等级列表：
                <一级>国家一级</一级>
                <二级>国家二级</二级>
                <三级>国家三级</三级>
            </等级列表>
            <服装列表>
                服装列表：
                <连衣裙>连衣裙</连衣裙>
                <T恤>T恤</T恤>
                <长裤>长裤</长裤>
            </服装列表>
            <车辆列表>
                车辆列表：
                <奥迪>奥迪</奥迪>
                <奔驰>奔驰</奔驰>
                <捷达>捷达</捷达>
            </车辆列表>
            <电商列表>
                电商列表：
                <大中>大中电器</大中>
                <国美>国美电器</国美>
                <苏宁>苏宁电器</苏宁>
            </电商列表>
            <未被显示的内容>
                我不想在页面上显示我的内容。
            </未被显示的内容>
        </display属性应用>
```

2）编写 CSS 文件。

```
    块1
    {
        display:block;
    }
    块2
    {
        display:block;
```

```
    }
    行1
    {
            display:inline;
    }
    行2
    {
            display:inline;
    }
    城市列表
    {
            display:block;
    }
    北京,上海,广州
    {
            display:list-item;
            margin-left:25pt;
            list-style-type:disc;
    }
    兴趣列表
    {
            display:block;
    }
    读书,游泳,音乐
    {
            display:list-item;
            margin-left:25pt;
            list-style-type:circle;
    }
    水果列表
    {
            display:block;
    }
    苹果,橘子,葡萄
    {
            display:list-item;
            margin-left:25pt;
            list-style-type:square;
    }
    等级列表
    {
            display:block;
    }
    一级,二级,三级
    {
```

```
            display:list-item;
            margin-left:25pt;
            list-style-type:decimal;
    }
    服装列表
    {
            display:block;
    }
    连衣裙,T恤,长裤
    {
            display:list-item;
            margin-left:25pt;
            list-style-type:decimal;
    }
    车辆列表
    {
            display:block;
    }
    奥迪,奔驰,捷达
    {
            display:list-item;
            margin-left:25pt;
            list-style-type:lower-roman;
    }
    电商列表
    {
            display:block;
    }
    大中,国美,苏宁
    {
            display:list-item;
            margin-left:25pt;
            list-style-type:upper-roman;
    }
    未被显示的内容
    {
            display:none;
    }
```

3）把 CSS 样式表链接到 XML 文档。

在 1）中编写的 XML 文档中添加下面的处理指令，把 CSS 文件链接到 XML 文档：

```
<?xml-stylesheet type="text/css" href="ch04-2(CSS 常用属性-display 属性应用).css"?>
```

添加上述处理指令后，序文部分代码截图如图 4-3 所示。

图 4-3　代码截图

（3）CSS 格式化后的显示结果

【例 4-2】的显示结果如图 4-4 所示，此例充分运用了 display 属性设置元素内容文本的显示方式。从图中可以看到，元素"未被显示的内容"的 display 属性值设置为"none"，元素内容没有在页面上显示，成功隐藏了数据内容的显示。

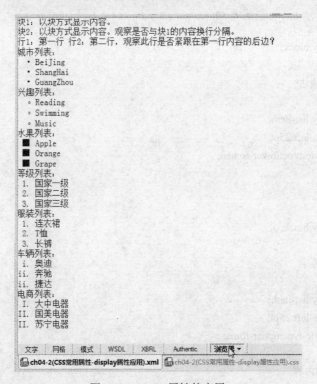

图 4-4　display 属性的应用

4.4.2　字体属性

CSS 的字体属性主要用来设置元素内容文本的字体、字号、字体风格等样式。使用 CSS 设置字体时，尽量选择本地计算机操作系统安装的字体或主流浏览器支持的通用字体，否则可能因为字体的支持问题无法显示正确的预期结果。CSS 中用于设置字体的属性如下。

1．font-family

font-family 属性可以设置字体的名称，如宋体（默认字体）、黑体、Times New Roman

等，其设置格式如下：

XML 元素名{font-family:属性值;}

若设置的字体名称中含有空格，可以把字体名称用双引号括起来。例如，下面的代码分别为元素"姓名""学号"设置字体：

姓名{font-family:华文彩云;}
学号{font-family:"Times New Roman";}

在为元素"姓名"设置中文字体"华文彩云"时，如果浏览器无法正常显示设置的中文字体，则在 CSS 文件的第一行添加下面的语句：

@charset "GB2312";

2．font-size

font-size 属性可以设置文字大小，其设置格式如下：

XML 元素名{font-size:属性值;}

文字大小值使用大小单位衡量，常用单位有 pt（磅）、in（英寸）、cm（厘米）等。单位之间的换算关系如下：

1pt=1/72inch，1in≈2.54cm。

例如，设置元素"姓名"的字体大小为"25pt"：

姓名{font-size:25pt;}

3．font-weight

font-weight 属性可以设置文字的粗细，其设置格式如下：

XML 元素名{font-weight:属性值;}

font-weight 属性的取值如下。

● normal：不加粗。
● bold：标准黑体。
● bolder：比标准黑体稍粗。
● lighter：比标准黑体稍细。

文字的粗细属性值既可以使用上述文字值设置，也可以使用数值设置。代表粗细的数值有 100、200、300、400、500、600、700、800、900，其中 100 表示最细的文字，900 表示最粗的文字，数值 400 的效果与 normal 相同，数值 700 的效果等同于 bold。

例如，title{font-size:400;} 等同于 title{font-size:normal;}，title{font-size:700;} 等同于 title{font-size:bold;}。

4．font-style

font-style 属性可以用来设置文字的字形，如正常、斜体、倾斜，其设置格式如下：

XML 元素名{font-style:属性值;}

font-style 属性的取值如下。

- normal：表示正常显示文字，此值为默认值。
- italic：表示使用斜体显示文字。
- oblique：表示倾斜显示文字。

属性值 italic 和 oblique 都表示向右倾斜的文字，但区别在于 italic 是指斜体字，而 oblique 是指倾斜的文字。可以这样理解，italic 是使用文字的斜体，而 oblique 是让没有斜体属性的文字倾斜。比如，一些不常用的字体，可能就只有正常体而没有斜体，这时使用 italic 就没有斜体效果，只能用 oblique 实现斜体的效果。

5．font-variant

font-variant 属性可以设置元素文字字母的大写、小写形式，其设置格式如下：

XML 元素名{font-variant:属性值;}

font-variant 属性的取值如下。

- normal：表示保持文字字母原有的大小写状态，此值为默认值。
- small-caps：表示小型大写字母，即将文字转换成小一些的大写字母，即比正常情况下的大写字母小。

【例 4-3】 字体属性的应用。

（1）学习目标

1）了解 CSS 样式表的作用。

2）掌握 CSS 显示 XML 文档的步骤。

3）掌握 CSS 文件的创建。

4）掌握显示属性、字体属性的应用。

（2）使用 CSS 格式化 XML 文档

1）编写 XML 文档。

```
<?xml version="1.0" encoding="GB2312"?>
<!--CSS 常用属性：字体属性应用-->
<!--FileName:ch04-3(CSS 常用属性-字体属性应用).xml-->
<CSS 字体应用>
    CSS 字体应用：
    <字型>默认大小的华文彩云字体</字型>
    <字号>我是 30pt 大小、正常粗细的字（400）</字号>
    <字形斜体>我是 30pt 大小、斜体 italic、标准黑体（700）</字形斜体>
    <字形倾斜>我是 30pt 大小、倾斜 oblique、稍粗黑体（800）</字形倾斜>
    <字粗>我是 30pt 大小、正常 normal、最粗的字体（900）</字粗>
    <小型大写>我是 30pt 大小、最细的、小型大写字母 Hello！</小型大写>
    <正常大写>我是 30pt 大小、最细的、正常大写字母 HELLO！</正常大写>
</CSS 字体应用>
```

2）编写 CSS 文件。

```
/* 显示 ch04-3(CSS 常用属性-字体属性应用).xml 文档的 CSS 文件 */
/*  FileName:ch04-3(CSS 常用属性-字体属性应用).css */
@charset  "GB2312";
CSS 字体应用
```

```
{
     display:block;
}
字型{
     font-family:华文彩云;
     display:list-item;
     list-style-type:circle;
     margin-left:30pt;
}
字号{
     font-size:30pt;
     font-style:normal;
     font-weight:normal;
     display:list-item;
     list-style-type:circle;
     margin-left:30pt;
}
字形斜体{
     font-style:italic;
     font-size:30pt;
     font-weight:700;
     display:list-item;
     list-style-type:circle;
     margin-left:30pt;
}
字形倾斜{
     font-style:oblique;
     font-size:30pt;
     font-weight:800;
     display:list-item;
     list-style-type:circle;
     margin-left:30pt;
}
字粗{
     font-style:normal;
     font-size:30pt;
     font-weight:900;
     display:list-item;
     list-style-type:circle;
     margin-left:30pt;
}
小型大写{
     font-family:"Times New Roman";
     font-style:normal;
     font-size:30pt;
     font-variant:small-caps;
```

```
        font-weight:100;
        display:list-item;
        list-style-type:circle;
        margin-left:30pt;
    }
    正常大写{
        font-family:"Times New Roman";
        font-style:normal;
        font-size:30pt;
        font-variant:small-caps;
        font-weight:100;
        display:list-item;
        list-style-type:circle;
        margin-left:30pt;
    }
```

3）把 CSS 样式表链接到 XML 文档。

在 1）中编写的 XML 文档中添加下面的处理指令，把 CSS 文件链接到 XML 文档：

```
<?xml-stylesheet type="text/css" href="ch04-3(CSS 常用属性-字体属性应用).css"?>
```

添加上述处理指令后，序文部分代码截图如图 4-5 所示。

图 4-5　代码截图

（3）CSS 格式化后的显示结果

【例 4-3】的显示结果如图 4-6 所示，仔细观察图中的小型大写字母与正常大写字母，辨别二者的区别。

图 4-6　字体属性的应用

94

4.4.3　颜色属性

CSS 颜色属性 color 可以设置元素内容文本的颜色，color 属性值既可以使用颜色的英文名称，也可以使用 RGB（R 代表红色，G 代表绿色，B 代表蓝色）格式。使用 RGB 格式表示颜色时，可以分别用十进制数、十六进制数、百分数 3 种方式来表示。

1．十进制数 RGB 表示方式

此表示方式下，颜色数值的取值范围是 0～255，设置格式如下：

　　　XML 元素名{color:rgb(0~255, 0~255,0~255);}

2．十六进制数 RGB 表示方式

此表示方式下，颜色数值的取值范围是 00～FF，设置格式如下：

　　　XML 元素名{color:#RRGGBB);}

其中 RR、GG、BB 的取值范围分别都是 00～FF。

3．百分数 RGB 表示方式

此表示方式下，颜色数值的取值范围是 0%~100%，设置格式如下：

　　　XML 元素名{color:rgb(0%~100%, 0%~100%,0%~100%);}

例如，设置元素"姓名"的颜色为蓝色，可以使用以下 4 种表示方式。

1）用颜色的英文名称：姓名{color:blue;}。

2）用十进制的 RGB 表示方式：姓名{color:rgb(0,0,255);}。

3）用十六进制的 RGB 表示方式：姓名{color:#0000FF;}。

4）用百分数 RGB 表示方式：姓名{color:rgb(0%,0%,100%);}。

【例 4-4】　颜色属性的应用。

（1）学习目标

1）了解 CSS 样式表的作用。

2）掌握 CSS 显示 XML 文档的步骤。

3）掌握 CSS 文件的创建。

4）掌握显示属性、字体属性、颜色属性的应用。

（2）使用 CSS 格式化 XML 文档

1）编写 XML 文档。

```
<?xml version="1.0" encoding="GB2312"?>
<!--CSS 常用属性：颜色属性应用-->
<!--FileName:ch04-4(CSS 常用属性-颜色属性应用).xml-->
<CSS 颜色应用>
    <标题>颜色属性应用</标题>
    <颜色名称>我是用颜色名称表示的颜色。</颜色名称>
    <十进制 RGB>我是用十进制 RGB 表示的颜色。</十进制 RGB>
    <十六进制 RGB>我是用十六进制 RGB 表示的颜色。</十六进制 RGB>
    <百分数 RGB>我是用百分数 RGB 表示的颜色。</百分数 RGB>
</CSS 颜色应用>
```

2）编写 CSS 文件。

```
/* 显示 ch04-4(CSS 常用属性-颜色属性应用).xml 文档的 CSS 文件 */
/*   FileName:ch04-4(CSS 常用属性-颜色属性应用).css */
@charset "GB2312";
CSS 颜色应用
{
        display: block;
}
标题
{
        display: block;
        font-size:40pt;
        font-family:隶书;
}
颜色名称
{
        color:purple;
        display: list-item;
        list-style-type:square;
        font-size:20pt;
        font-weight:bolder;
        margin-left:30pt;
}
十进制 RGB
{
        color:rgb(255,0,255);
        display: list-item;
        list-style-type:square;
        font-size:20pt;
        font-weight:bolder;
        margin-left:30pt;
}
十六进制 RGB
{
        color:#00FFFF;
        display: list-item;
        list-style-type:square;
        font-size:20pt;
        font-weight:bolder;
        margin-left:30pt;
}
百分数 RGB
{
        color:rgb(100%,100%,0%);
        display: list-item;
        list-style-type:square;
```

```
        font-size:20pt;
        font-weight:bolder;
        margin-left:30pt;
    }
```

3）把 CSS 样式表链接到 XML 文档。

在 1）中编写的 XML 文档中添加下面的处理指令，把 CSS 文件链接到 XML 文档：

<?xml-stylesheet type="text/css" href="ch04-4(CSS 常用属性-颜色属性应用).css"?>

添加上述处理指令后，序文部分代码截图如图 4-7 所示。

图 4-7　代码截图

（3）CSS 格式化后的显示结果

【例 4-4】的显示结果如图 4-8 所示。

图 4-8　颜色属性的应用

4.4.4　边框属性

CSS 边框属性可以为元素内容文本设置边框，指定边框线的颜色、样式等格式。需要设置边框的元素内容文本必须使用块方式显示，即 display 属性取值 block。CSS 中设置边框的相关属性如下。

1. 边框线样式属性

（1）border-style 属性

border-style 属性可以同时设置上、下、左、右边框线的样式，使用 border-style 属性设置边框线样式有以下 4 种方式。

1）4 个属性值的设置格式：

XML 元素名{border-style:属性值 1　属性值 2　属性值 3　属性值 4;}

说明：

① 属性值 1 用于设置上边框线样式。

② 属性值 2 用于设置右边框线样式。

③ 属性值 3 用于设置下边框线样式。

④ 属性值 4 用于设置左边框线样式。

⑤ 多个属性值之间必须至少用一个空格分隔。

2）3 个属性值的设置格式：

XML 元素名{border-style:属性值 1　属性值 2　属性值 3;}

说明：

① 属性值 1 用于设置上边框线样式。

② 属性值 2 用于设置左、右边框线样式。

③ 属性值 3 用于设置下边框线样式。

④ 多个属性值之间必须至少用一个空格分隔。

3）2 个属性值的设置格式：

XML 元素名{border-style:属性值 1　属性值 2;}

说明：

① 属性值 1 用于设置上、下边框线样式。

② 属性值 2 用于设置左、右边框线样式。

③ 多个属性值之间必须至少用一个空格分隔。

4）1 个属性值的设置格式：

XML 元素名{border-style:属性值;}

属性值用于同时设置上、下、左、右边框样式。

（2）border-top-style 属性

该属性用来设置上边框线的样式，其设置格式如下：

XML 元素名{border-top-style:属性值;}

（3）border-bottom-style 属性

该属性用来设置下边框线的样式，其设置格式如下：

XML 元素名{border-bottom-style:属性值;}

（4）border-left-style 属性

该属性用来设置左边框线的样式，其设置格式如下：

XML 元素名{border-left-style:属性值;}

（5）border-right-style 属性

该属性用来设置右边框线的样式，其设置格式如下：

XML 元素名{border-right-style:属性值;}

在 CSS 中，边框线样式的常用值如下：

- none：没有边框线。
- solid：边框线为实线。
- double：边框线为双实线。
- dashed：边框线为虚线。
- dotted：边框线为点画线。
- inset：沉入感效果边框线。
- outset：浮出感效果边框线。
- ridge：三维效果的陷入边框线。
- groove：三维效果的山脊状边框线。

2．边框线颜色属性

（1）border-color 属性

border-color 属性可以同时设置上、下、左、右边框线的颜色，使用 border-color 属性设置边框线颜色有以下 4 种方式。

1）4 个属性值的设置格式：

XML 元素名{border-color:属性值 1　属性值 2　属性值 3　属性值 4;}

说明：

① 属性值 1 用于设置上边框颜色。

② 属性值 2 用于设置右边框颜色。

③ 属性值 3 用于设置下边框颜色。

④ 属性值 4 用于设置左边框颜色。

2）3 个属性值的设置格式：

XML 元素名{border-color:属性值 1　属性值 2　属性值 3;}

说明：

① 属性值 1 用于设置上边框颜色。

② 属性值 2 用于设置左、右边框颜色。

③ 属性值 3 用于设置下边框颜色。

3）2 个属性值的设置格式：

XML 元素名{border-color:属性值 1　属性值 2;}

说明：

① 属性值 1 用于设置上、下边框颜色。

② 属性值 2 用于设置左、右边框颜色。

4）1 个属性值的设置格式：

XML 元素名{border-color:属性值;}

属性值用于同时设置上、下、左、右边框颜色。

（2）border-top-color 属性

该属性可以用来设置上边框线的颜色，其设置格式如下：

XML 元素名{border-top-color:属性值;}

（3）border-bottom-color 属性

该属性可以用来设置下边框线的颜色，其设置格式如下：

XML 元素名{border-bottom-color:属性值;}

（4）border-left-color 属性

该属性可以用来设置左边框线的颜色，其设置格式如下：

XML 元素名{border-left-color:属性值;}

（5）border-right-color 属性

该属性可以用来设置右边框线的颜色，其设置格式如下：

XML 元素名{border-right-color:属性值;}

3．边框线宽度属性

（1）border-width 属性

该属性可以同时设置上、下、左、右边框线的宽度，设置方式同 border-style 属性的设置。

（2）border-top-width 属性

该属性可以设置上边框线的宽度，设置方式同 border-top-style 属性的设置。

（3）border-bottom-width 属性

该属性可以设置下边框线的宽度，设置方式同 border-bottom-style 属性的设置。

（4）border-left-width 属性

该属性可以设置左边框线的宽度，设置方式同 border-left-style 属性的设置。

（5）border-right-width 属性

该属性可以设置右边框线的宽度，设置方式同 border-right-style 属性的设置。

边框线宽度可以使用 pt（磅）、in（英寸）、cm（厘米）等单位设置。

【例 4-5】 边框属性的应用。

（1）学习目标

1）了解 CSS 样式表的作用。

2）掌握 CSS 显示 XML 文档的步骤。

3）掌握 CSS 文件的创建。

4）掌握显示属性、字体属性、颜色属性、边框属性的应用。

（2）使用 CSS 格式化 XML 文档

1）编写 XML 文档。

```
<?xml version="1.0" encoding="GB2312"?>
<!--CSS 常用属性：边框属性应用-->
<!--FileName:ch04-5(CSS 常用属性-边框属性应用).xml-->
<CSS 边框>
        <标题>边框属性应用</标题>
        <边框 4>应用 4 个属性值设置边框</边框 4>
        <边框 3>应用 3 个属性值设置边框</边框 3>
        <边框 2>应用 2 个属性值设置边框</边框 2>
        <边框 1>应用 1 个属性值设置边框</边框 1>
        <边框 0>没有边框</边框 0>
        <上边框>上边框</上边框>
        <下边框>下边框</下边框>
        <左边框>左边框</左边框>
        <右边框>右边框</右边框>
</CSS 边框>
```

2）编写 CSS 文件。

```
/* 显示 ch04-5(CSS 常用属性-边框属性应用).xml 文档的 CSS 文件 */
/*   FileName:ch04-5(CSS 常用属性-边框属性应用).css */
@charset "GB2312";
CSS 边框
{
        display: block;
}
标题
{
        display: block;
        color:purple;
        font-family:隶书;
        font-size:40pt;
        font-weight:900;
        margin:20pt;
}
边框 4
{
        display: block;
        font-size:30pt;
        font-family:隶书;
        border-style:solid double dotted dashed;
        border-color:red blue green orange;
        border-width: 4pt 6pt 8pt 12pt;
        margin:20pt;
}
边框 3
{
        display: block;
```

```
        font-size:30pt;
         font-family:隶书;
        border-style:solid double dotted;
        border-color:red blue green;
        border-width:4pt 6pt 8pt;
        margin:20pt;
    }
边框 2
    {
        display: block;
        font-size:30pt;
         font-family:隶书;
         border-style:solid   double;
        border-color:red blue;
        border-width:4pt 6pt;
        margin:20pt;
    }
边框 1
    {
        display: block;
        font-size:30pt;
         font-family:隶书;
        border-style:solid;
        border-color:red;
        border-width:4pt;
        margin:20pt;
    }
边框 0
    {
        display: block;
        font-size:30pt;
         font-family:隶书;
        border-style:none;
        margin:20pt;
    }
上边框
    {
        display: block;
        font-size:30pt;
         font-family:隶书;
        border-top-style:groove;
        border-top-color:green;
        border-top-width:4pt;
        margin:20pt;
    }
下边框
```

```
    {
        display: block;
        font-size:30pt;
        font-family:隶书;
        border-bottom-style:ridge;
        border-bottom-color:orange;
        border-bottom-width:4pt;
        margin:20pt;
    }
    左边框
    {
        display: block;
        font-size:30pt;
        font-family:隶书;
        border-left-style:inset;
        border-left-color:blue;
        border-left-width:4pt;
        margin:20pt;
    }
    右边框
    {
        display: block;
        font-size:30pt;
        font-family:隶书;
        border-right-style:outset;
        border-right-color:red;
        border-right-width:4pt;
        margin:20pt;

    }
```

3）把 CSS 样式表链接到 XML 文档。

在 1）中编写的 XML 文档中添加下面的处理指令，把 CSS 文件链接到 XML 文档：

```
<?xml-stylesheet type="text/css" href="ch04-5(CSS 常用属性-边框属性应用).css"?>
```

添加上述处理指令后，序文部分代码截图如图 4-9 所示。

图 4-9　代码截图

（3）CSS 格式化后的显示结果

【例 4-5】的显示结果如图 4-10 所示。

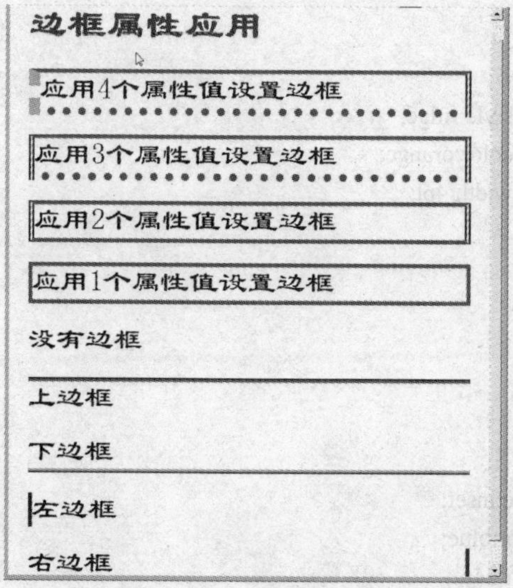

图 4-10　边框属性的应用

4.4.5　背景属性

CSS 背景属性可以为元素内容设置背景颜色或背景图像，CSS 中常用的背景属性如下。

1. background-color 属性

此属性可以设置元素的背景颜色，其设置格式如下：

> **XML 元素名{background-color:颜色值;}**

例如，设置元素"姓名"的背景颜色为红色，可以有以下 4 种表示方式。

1）用颜色的英文名称：姓名{ background-color:red;}。

2）用十进制的 RGB 表示方式：姓名{ background-color:rgb(255,0,0);}。

3）用十六进制的 RGB 表示方式：姓名{ background-color:#FF0000;}。

4）用百分数 RGB 表示方式：姓名{ background-color:rgb(100%,0%,0%);}。

2. background-image 属性

该属性可以设置元素的背景图像，其设置格式如下：

> **XML 元素名{background-image:url(图像文件名);}**

如使用相对路径，图像文件必须和 CSS 样式表文件在同一个目录下。

例如，为元素"姓名"设置背景图像的代码如下：

> 姓名{background-image:url(bg.jpg);}

3. background-repeat 属性

该属性可以设置背景图像的重复方式，其设置格式如下：

XML 元素名{background-repeat:属性值;}

background-repeat 属性的取值如下。

- repeat：表示在水平、垂直方向同时重复平铺背景图像，此值为默认值。
- repeat-x：表示在水平方向重复平铺背景图像。
- repeat-y：表示在垂直方向重复平铺背景图像。
- no-repeat：表示背景图像不重复平铺。

【例 4-6】 背景属性的应用。

（1）学习目标

1）了解 CSS 样式表的作用。

2）掌握 CSS 显示 XML 文档的步骤。

3）掌握 CSS 文件的创建。

4）掌握显示属性、字体属性、颜色属性的应用。

5）掌握常用背景属性的应用。

（2）使用 CSS 格式化 XML 文档

1）编写 XML 文档。

```
<?xml version="1.0" encoding="GB2312"?>
<!--CSS 常用属性：背景属性应用-->
<!--FileName:ch04-6(CSS 常用属性-背景属性应用).xml-->
<CSS 背景>
    <标题>背景属性应用</标题>
    <背景颜色>pink 色背景</背景颜色>
    <背景图像-xy>背景图像水平、垂直方向重复平铺</背景图像-xy>
    <背景图像-x>背景图像水平平铺</背景图像-x>
    <背景图像-y>背景图像垂直平铺</背景图像-y>
    <背景图像-no>背景图像不重复平铺</背景图像-no>
</CSS 背景>
```

2）编写 CSS 文件。

```
/* 显示 ch04-6(CSS 常用属性-背景属性应用).xml 文档的 CSS 文件 */
/*   FileName:ch04-6(CSS 常用属性-背景属性应用).css */
@charset "GB2312";
CSS 背景
{
    display: block;
}
标题
{
    display: block;
    color:purple;
    font-family:隶书;
    font-size:40pt;
    font-weight:900;
```

```
        margin:20pt;
}
背景颜色
{
        background-color:pink;
        font-size:30pt;
        font-weight:bolder;
        margin-left:10pt;
}
背景图像-xy
{
        display:block;
        background-image:url(bg.jpg);
        background-repeat:repeat;
        font-size:30pt;
        font-weight:bolder;
        font-family:华文行楷;
        color:rgb(80%,20%,70%);
        margin:10pt;
}
背景图像-x
{
        display:block;
        background-image:url(bg.jpg);
        background-repeat:repeat-x;
        font-size:30pt;
        font-weight:bolder;
        font-family:华文琥珀;
        color:rgb(200,100,34);
        margin:10pt;
}
背景图像-y
{
        display:block;
        background-image:url(bg.jpg);
        background-repeat:repeat-y;
        font-size:72pt;
        font-weight:bolder;
        font-family:华文彩云;
        color:red;
        margin:10pt;
}
背景图像-no
{
        display:block;
        background-image:url(bg.jpg);
```

```
            background-repeat:no-repeat;
            font-size:30pt;
            font-weight:bolder;
            font-family:楷体;
            color:#FFEE00;
            margin:10pt;
    }
```

3）把 CSS 样式表链接到 XML 文档。

在 1）中编写的 XML 文档中添加下面的处理指令，把 CSS 文件链接到 XML 文档：

> `<?xml-stylesheet type="text/css" href="ch04-6(CSS 常用属性-背景属性应用).css"?>`

添加上述处理指令后，序文部分代码截图如图 4-11 所示。

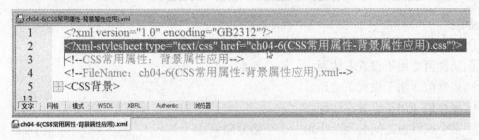

图 4-11　代码截图

（3）CSS 格式化后的显示结果

【例 4-6】的显示结果如图 4-12 所示。

图 4-12　背景属性的应用

4.4.6　布局属性

CSS 布局属性主要有边距属性、定位属性、填充属性等。

1. 边距属性

XML 元素与上一级元素边框之间的距离或者与页面上、下、左、右边界之间的距离，称为边距。边距是文本周围的不可见区域。如果元素内容文本的显示方式是以 "block" 块方式显示，那么边距就是块的边距。边距值可以使用长度单位 pt（磅）、cm（厘米）、in（英寸）等。

CSS 中常用的边距属性如下。

（1）margin 属性

margin 属性可以同时设置元素的上、下、左、右边距，使用 margin 属性设置边距有以下 4 种方式。

1）4 个属性值的设置格式：

XML 元素名{margin:属性值 1 属性值 2 属性值 3 属性值 4;}

说明：

① 属性值 1 用于设置上边距。

② 属性值 2 用于设置右边距。

③ 属性值 3 用于设置下边距。

④ 属性值 4 用于设置左边距。

⑤ 多个属性值之间必须至少用一个空格分隔。

2）3 个属性值的设置格式：

XML 元素名{ margin:属性值 1 属性值 2 属性值 3;}

说明：

① 属性值 1 用于设置上边距。

② 属性值 2 用于设置左、右边距。

③ 属性值 3 用于设置下边距。

④ 多个属性值之间必须至少用一个空格分隔。

3）2 个属性值的设置格式：

XML 元素名{ margin:属性值 1 属性值 2;}

说明：

① 属性值 1 用于设置上、下边距。

② 属性值 2 用于设置左、右边距。

③ 多个属性值之间必须至少用一个空格分隔。

4）1 个属性值的设置格式：

XML 元素名{ margin:属性值;}

属性值用于同时设置上、下、左、右边距。

（2）margin-top 属性

该属性用来设置元素的上边距，其设置格式如下：

XML 元素名{ margin-top:属性值;}

（3）margin-bottom 属性

该属性用来设置元素的下边距，其设置格式如下：

XML 元素名{ margin-bottom:属性值;}

（4）margin-left 属性

该属性用来设置元素的左边距，其设置格式如下：

XML 元素名{ margin-left:属性值;}

（5）margin-right 属性

该属性用来设置元素的右边距，其设置格式如下。

XML 元素名{ margin-right:属性值;}

【例 4-7】 边距属性的应用。

（1）学习目标

1）了解 CSS 样式表的作用。

2）掌握 CSS 显示 XML 文档的步骤。

3）掌握 CSS 文件的创建。

4）掌握显示属性、字体属性、颜色属性的应用。

5）掌握边距属性的应用。

（2）使用 CSS 格式化 XML 文档

1）编写 XML 文档。

```
<?xml version="1.0" encoding="GB2312"?>
<!--CSS 常用属性：margin 属性应用-->
<!--FileName:ch04-7(CSS 常用属性-margin 属性应用).xml-->
<margin 属性>
    <标题>margin 属性应用</标题>
    <开始>开始</开始>
    <边距 0>没有设置边距，默认页边距为 0</边距 0>
    <边距 1>应用 1 个属性值设置边距{margin:20pt;}</边距 1>
    <边距 2>应用 2 个属性值设置边距{margin:20pt 40pt;}</边距 2>
    <边距 3>应用 3 个属性值设置边距{margin:20pt 40pt 60pt;}</边距 3>
    <边距 4>应用 4 个属性值设置边距{margin:20pt 40pt 60pt 80pt;}</边距 4>
    <左边距>单独设置左边距{margin-left:20pt;}</左边距>
    <右边距>单独设置右边距{margin-right:20pt;}</右边距>
    <上边距>单独设置上边距{margin-top:20pt;}</上边距>
    <下边距>单独设置下边距{margin-bottom:20pt;}</下边距>
    <结束>结束</结束>
</margin 属性>
```

2）编写 CSS 文件。

```
/* 显示 ch04-7(CSS 常用属性-margin 属性应用).xml 文档的 CSS 文件 */
```

```
/* FileName:ch04-7(CSS 常用属性-margin 属性应用).css */
@charset "GB2312";
margin 属性
{
        display: block;
}
标题
{
        display: block;
        color:purple;
        font-family:隶书;
        font-size:40pt;
        font-weight:900;
        margin:20pt;
}
开始
{
        display:block;
        border-top-style:solid;
        border-bottom-style:solid;
        border-color:red;
}
结束
{
        display:block;
        border-top-style:solid;
        border-color:red;
}

边距 0
{
        display:block;
        font-family:华文行楷;
        font-size:20pt;
        font-weight:900;
}
边距 1
{
        display:block;
        margin:20pt;
        border-style:solid;
        border-color:pink;
        font-family:华文行楷;
        font-size:20pt;
```

```
        font-weight:900;
    }
边距 2
    {
        display:block;
        margin:20pt 40pt;
        border-style:solid;
        border-color:green;
        font-family:华文行楷;
        font-size:20pt;
        font-weight:900;
    }
边距 3
    {
        display:block;
        margin:20pt 40pt 60pt;
        border-style:solid;
        border-color:green;
        font-family:华文行楷;
        font-size:20pt;
        font-weight:900;
    }
边距 4
    {
        display:block;
        margin:20pt 40pt 60pt 80pt;
        border-style:solid;
        border-color:green;
        font-family:华文行楷;
        font-size:20pt;
        font-weight:900;
    }
左边距
    {
        display:block;
        margin-left:20pt;
        border-style:solid;
        border-color:green;
        font-family:华文行楷;
        font-size:20pt;
        font-weight:900;
    }
右边距
    {
```

```
        display:block;
        margin-right:20pt;
        border-style:solid;
        border-color:pink;
        font-family:华文行楷;
        font-size:20pt;
        font-weight:900;
    }
上边距
    {
        display:block;
        margin-top:20pt;
        border-style:solid;
        border-color:blue;
        font-family:华文行楷;
        font-size:20pt;
        font-weight:900;
    }
下边距
    {
        display:block;
        margin-bottom:20pt;
        border-style:solid;
        border-color:yellow;
        font-family:华文行楷;
        font-size:20pt;
        font-weight:900;
    }
```

3）把 CSS 样式表链接到 XML 文档。

在 1）中编写的 XML 文档中添加下面的处理指令，把 CSS 文件链接到 XML 文档：

```
<?xml-stylesheet type="text/css" href="ch04-7(CSS 常用属性-margin 属性应用).css"?>
```

添加上述处理指令后，序文部分代码截图如图 4-13 所示。

图 4-13　代码截图

（3）CSS 格式化后的显示结果

【例 4-7】的显示结果如图 4-14 所示。

图 4-14　margin 属性应用

2．position 属性

CSS 定位属性 position 可以决定 XML 元素在文档中的显示位置，其设置格式如下：

XML 元素名{position:属性值;}

position 属性的常用取值如下。

- static：表示元素没有被定位，在显示时出现在它应该出现的位置，此值为默认值。
- relative：该属性值表示元素相对定位。设置为相对定位的元素，可以配合使用 top、bottom、left、right 属性，相对于元素在文档中应该出现的位置移动这个元素。使用相对定位的元素依然占据文档中的原有位置，只是相对于它在文档中的原有位置移动。
- absolute：该属性值表示元素绝对定位。设置为绝对定位的元素，一般是以浏览器左上角为原点，按照设置的 top、bottom、left、right 属性进行准确定位。

3．top、bottom、left、right 属性

在 CSS 中，对元素单独使用 left、right、top、bottom 属性不起任何作用，这几个属性一般配合 position 属性共同定位元素位置。

（1）top 属性

该属性用来设置元素的顶部边距。

（2）bottom 属性

该属性用来设置元素的底部边距。

（3）left 属性

该属性用来设置元素的左边距。

（4）right 属性

该属性用来设置元素的右边距。

（5）width 属性

该属性用来设置元素的宽度。

（6）height 属性

该属性用来设置元素的高度。

如果 position 属性取值 static，那么设置的 top、bottom、left、right 属性不会产生任何效果，width、height 属性效果不受影响。

4．padding 属性

padding 属性可以设置元素与其上、下、左、右边框的间距，即元素的内边距。padding 属性的设置格式同 border-style 属性的设置。

例如，下面的语句表示为元素"title"设置上内边距是 5pt、右内边距是 8pt、下内边距是 10pt、左内边距是 12pt。

```
title{padding:5pt 8pt 10pt 12pt;}
```

又如，下面的语句表示为元素"title"设置上内边距是 5pt、左、右内边距是 8pt、下内边距是 10pt。

```
title{padding:5pt 8pt 10pt;}
```

再如，下面的语句表示为元素"title"设置上、下内边距是 5pt、左、右内边距是 8pt

```
title{padding:5pt 8pt;}
```

而下面的语句则表示为元素"title"设置上、下、左右边距都是 5pt。

```
title{padding:5pt;}
```

【例 4-8】 定位属性的应用。

（1）学习目标

1）了解 CSS 样式表的作用。

2）掌握 CSS 显示 XML 文档的步骤。

3）掌握 CSS 文件的创建。

4）掌握显示属性、字体属性、颜色属性、margin 属性的应用。

5）掌握定位属性的应用。

（2）使用 CSS 格式化 XML 文档

1）编写 XML 文档。

```
<?xml version="1.0" encoding="GB2312"?>
<!--CSS 常用属性：定位属性应用-->
<!-- FileName:ch04-8(CSS 常用属性-定位属性应用).xml-->
<定位属性>
```

<标题>定位属性应用</标题>

<元素1>元素1：相对定位(position:relative;top:150pt;left:40pt;width:500pt;height:30pt;)</元素1>

<元素2>元素2：未定位(padding:5pt;)</元素2>

<元素3>

元素 3：绝对定位(position:absolute;top:150pt;right:20pt;hight:60pt; padding-top:10pt; width: 400pt; padding-bottom:10pt;padding-right:10pt;)

</元素3>

<元素4>元素4：绝对定位(position:absolute;top:150pt;left:30pt;width:500pt;)</元素4>

</定位属性>

2）编写 CSS 文件。

```
/* 显示 ch04-8(CSS 常用属性-定位属性应用).xml 文档的 CSS 文件 */
/*   FileName:ch04-8(CSS 常用属性-定位属性应用).css */
@charset "GB2312";
定位属性
{
    display: block;
}
标题
{
    display: block;
    margin:10pt;
    font-size:30pt;
    font-family:隶书;
    color:purple;
}
元素1
{
    display: block;
    position:relative;
    top:150pt;
    left:40pt;
    width:500pt;
    height:30pt;
    border-style:solid;
    border-color:green;
}
元素2
{
    display: block;
    border-style:solid;
    border-color:green;
    padding:5pt;
}
```

115

```
        元素3
        {
                display: block;
                position:absolute;
                top:150pt;
                right:20pt;
                height:60pt;
                width:400pt;
                padding-top:10pt;
                padding-bottom:10pt;
                padding-right:10pt;
                border-style:solid;
                border-color:green;
                padding-left:10pt;
                padding-top:10pt;
                padding-bottom:10pt;
                padding-right:10pt;
        }
        元素4
        {
                display: block;
                position:absolute;
                top:150pt;
                left:30pt;
                width:500pt;
                border-style:solid;
                border-color:green;
        }
```

3）把 CSS 样式表链接到 XML 文档。

在 1）中编写的 XML 文档中添加下面的处理指令，把 CSS 文件链接到 XML 文档：

```
<?xml-stylesheet type="text/css" href="ch04-8(CSS 常用属性-定位属性应用).css"?>
```

添加上述处理指令后，序文部分代码截图如图 4-15 所示。

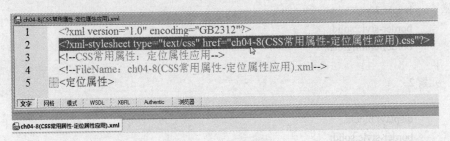

图 4-15　代码截图

（3）CSS 格式化后的显示结果

【例 4-8】的显示结果如图 4-16 所示。

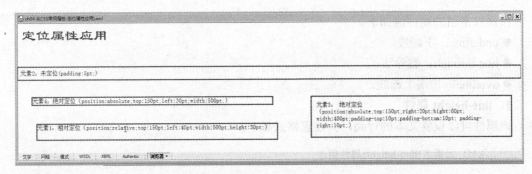

图 4-16　定位属性应用

4.4.7　文本属性

CSS 文本属性可以控制文本内容的对齐方式、文本修饰、行距等。常用的文本属性有水平对齐属性、垂直对齐属性、文本修饰属性、文本的行高属性。

1．text-align 属性

该属性可以设置元素内容文本的水平对齐方式，其设置格式如下：

XML 元素名{text-align:属性值;}

该属性常用的属性值如下。

- left：左对齐。
- right：右对齐。
- center：居中对齐。

元素内容文本的显示方式只有设置为 block 块显示时，设置 text-align 属性才会发挥作用。例如，下面的语句设置元素"姓名"居中对齐：

姓名{display:block;text-align:center;}

2．vertical-align 属性

该属性可以设置元素内容文本的垂直对齐方式，其设置格式如下：

XML 元素名{vertical-align:属性值;}

文本的垂直对齐方式一般是以某段文字或某个图像为参照，而且仅对显示方式设置成 inline 显示的元素有效。常用的垂直对齐属性值如下。

- top：与参照物的顶端对齐。
- middle：与参照物的中间对齐。
- bottom：与参照物的底端对齐。

vertical-align 属性还可以设置元素以上标或者下标的形式出现，其对应的属性值如下。

- sub：元素文本显示为下标。
- super：元素文本显示为上标。

3．text-decoration 属性

该属性可以为元素内容文本添加一些修饰，如下画线、删除线等，其设置格式如下：

XML 元素名{text-decoration:属性值;}

该属性常用的属性值如下。

- underline：下画线。
- line-through：删除线。
- overline：顶端上画线。

4．line-height 属性

该属性可以设置文本的行高，其设置格式如下：

XML 元素名{line-height:属性值;}

行高可以使用具体的尺寸，如 cm、in、pt 等，也可以使用百分比表示方式，如 100%表示一倍行高。

例如，下面的语句设置元素"title"的显示行高为 20pt：

```
title{line-height:20pt;}
```

又如，下面的语句设置元素"name"以两倍行高显示：

```
name{line-height:200%;}
```

【例 4-9】 文本属性的应用。

（1）学习目标

1）了解 CSS 样式表的作用。

2）掌握 CSS 显示 XML 文档的步骤。

3）掌握 CSS 文件的创建。

4）掌握显示属性、字体属性、颜色属性、margin 属性的应用。

5）掌握定位属性、文本属性的应用。

（2）使用 CSS 格式化 XML 文档

1）编写 XML 文档。

```
<?xml version="1.0" encoding="GB2312"?>
<!--CSS 常用属性：文本属性应用-->
<!-- FileName:ch04-9(CSS 常用属性-文本属性应用).xml-->
<文本属性>
    <标题>文本属性应用</标题>
    <左对齐文本>左对齐文字</左对齐文本>
    <右对齐文本>右对齐文字</右对齐文本>
    <居中对齐文本>居中对齐文字</居中对齐文本>
    <上画线文本>添加上画线</上画线文本>
    <下画线文本>添加下画线</下画线文本>
    <删除线文本>添加删除线</删除线文本>
    <元素 X>X</元素 X>
    <上标>2</上标>
    <元素 Y>Y</元素 Y>
    <下标>1</下标>
</文本属性>
```

2）编写 CSS 文件。

```
/* 显示 ch04-9(CSS 常用属性-文本属性应用).xml 文档的 CSS 文件 */
/*   FileName:ch04-9(CSS 常用性-文本属性应用).css */
@charset "GB2312";
文本属性
{
        display: block;
}
标题
{
        display: block;
        margin:10pt;
        font-size:30pt;
        font-family:隶书;
        color:purple;
}
左对齐文本
{
        display: block;
        font-size:20pt;
        font-family:华文行楷;
        color:red;
        text-align:left;
}
右对齐文本
{
        display: block;
        font-size:20pt;
        font-family:华文行楷;
        color:green;
        text-align:right;
}
居中对齐文本
{
        display: block;
        font-size:20pt;
        font-family:华文行楷;
        color:#99FE4F;
        text-align:center;
}
下画线文本
{
        display: block;
        font-size:20pt;
        font-family:华文行楷;
        color:rgb(45,23,255);
        text-decoration:underline;
```

```
        }
上画线文本
        {
                display: block;
                font-size:20pt;
                font-family:华文行楷;
                color:rgb(200,100,100);
                text-decoration:overline;
        }
删除线文本
        {
                display: block;
                font-size:20pt;
                font-family:华文行楷;
                color:rgb(100%,50%,80%);
                text-decoration:line-through;
        }
元素 X
        {
                font-family:"Times New Roman";
                font-size:20pt;
        }
上标
        {
                font-family:"Times New Roman";
                font-size:15pt;
                vertical-align:super;
        }
元素 Y
        {
                font-family:"Times New Roman";
                font-size:20pt;
        }
下标
        {
                font-family:"Times New Roman";
                font-size:15pt;
                vertical-align:sub;
        }
```

3）把 CSS 样式表链接到 XML 文档。

在 1）中编写的 XML 文档中添加下面的处理指令，把 CSS 文件链接到 XML 文档：

```
<?xml-stylesheet type="text/css" href="ch04-9(CSS 常用属性-文本属性应用).css"?>
```

添加上述处理指令后，序文部分代码截图如图 4-17 所示。

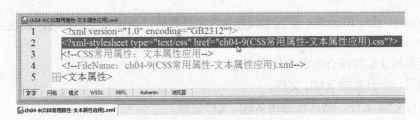

图 4-17 代码截图

（3）CSS 格式化后的显示结果

【例 4-9】的显示结果如图 4-18 所示。

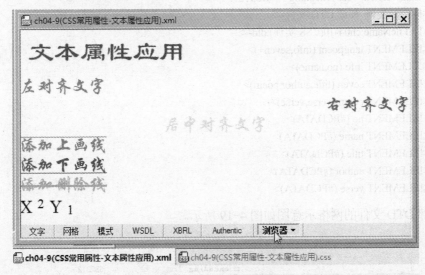

图 4-18 文本属性的应用

4.5 实训

1. 实训目标

1）掌握 CSS 显示 XML 文档的步骤。

2）掌握 CSS 的基本语法结构。

3）掌握 CSS 中显示属性、字体属性的应用。

4）掌握 CSS 中颜色属性、边框属性的应用。

5）掌握 CSS 中边框属性、布局属性、文本属性的应用。

6）掌握外部 DTD 文件的基本结构及应用。

2. 实训内容

编写一个 XML 文档，该文档的根元素为 tangpoem，在该根元素下包含一个子元素 info、任意个子元素 seven。子元素 info 下包含子元素 no 和 name，这两个子元素必须按顺序出现且只能出现一次，而且只能包含字符数据。子元素 seven 下包含子元素 title、author、poem，这 3 个子元素必须按顺序出现且只能出现一次，其中 poem 子元素下又包含两个同名的子元素 verse，title 和 author 子元素只能包含字符数据。请根据上述描述，实现以下要求的内容。

1）根据描述编写符合要求的外部 DTD 文件。

2）编写一个有效的 XML 文档。

3）编写 CSS 文件，格式化输出 XML 文档数据。

3．实训步骤

1）编写符合要求的外部 DTD 文件。

根据描述，编写的外部 DTD 文件如下：

```
<?xml version="1.0" encoding="GB2312"?>
<!--CSS 实训-外部 DTD 文件-->
<!-- FileName:ch04-10(CSS 实训).dtd-->
<!ELEMENT tangpoem (info,seven+)>
<!ELEMENT info (no,name)>
<!ELEMENT seven (title,author,poem)>
<!ELEMENT poem (verse,verse)>
<!ELEMENT no (#PCDATA)>
<!ELEMENT name (#PCDATA)>
<!ELEMENT title (#PCDATA)>
<!ELEMENT author (#PCDATA)>
<!ELEMENT verse (#PCDATA)>
```

该外部 DTD 文件的网格示意图如图 4-19 所示。

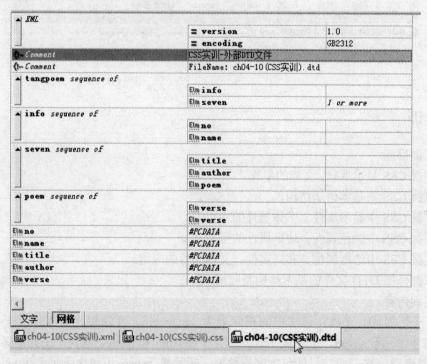

图 4-19　外部 DTD

2）编写有效的 XML 文档。

根据上述 DTD 文件定义，对应的 XML 文档代码如下：

```
<?xml version="1.0" encoding="GB2312" ?>
<!--CSS 实训-->
<!-- FileName:ch04-10(CSS 实训).xml-->
<!DOCTYPE tangpoem SYSTEM "ch04-10(CSS 实训).dtd">
<tangpoem>
    <info>
        <no>学号：40 号</no>
        <name>姓名：John</name>
    </info>
    <seven>
        <title>回乡偶书</title>
        <author>贺知章</author>
        <poem>
            <verse>少小离家老大回，乡音未改鬓毛衰。</verse>
            <verse>儿童相见不相识，笑问客从何处来。</verse>
        </poem>
    </seven>
    <seven>
        <title>送孟浩然之广陵</title>
        <author>李白</author>
        <poem>
            <verse>故人西辞黄鹤楼，烟花三月下扬州。</verse>
            <verse>孤帆远影碧空尽，唯见长江天际流。</verse>
        </poem>
    </seven>
    <seven>
        <title>枫桥夜泊</title>
        <author>张继</author>
        <poem>
            <verse>月落乌啼霜满天，江枫渔火对愁眠。</verse>
            <verse>姑苏城外寒山寺，夜半钟声到客船。</verse>
        </poem>
    </seven>
</tangpoem>
```

3）编写 CSS 文件，格式化输出 XML 文档数据。

```
/* 显示 ch04-10(CSS 实训).xml 文档的 css 文件 */
/*   FileName:ch04-10(CSS 实训).css */
@charset  "GB2312";
seven{
    border:dotted 1pt red;
    margin-left:400pt;
```

```
        margin-right:400pt;
        margin-top:10pt;
}
tangpoem,seven,author,title,poem,verse{
        display:block;
        text-align:center;
        line-height:150%;
}
info,no,name{
        font-size:40pt;
        color:red;
        line-height:150%;
        display:block;
}
title{
        font-family:楷体;
        font-size:30pt;
        color:#660000;
        font-style:italic;
}
author{
        font-family:隶书;
        font-size:20pt;
        color:#0000CC;
}
verse{
        font-size:15pt;
}
```

4）把 CSS 样式表链接到 XML 文档。

在 2）中编写的 XML 文档中添加下面的处理指令，把 CSS 文件链接到 XML 文档：

```
<?xml-stylesheet type="text/css" href="ch04-10(CSS 实训).css" ?>
```

添加上述处理指令后，序文部分代码截图如图 4-20 所示。

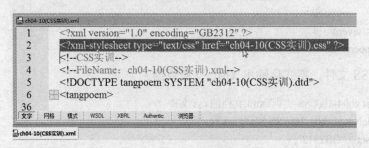

图 4-20　代码截图

链接 CSS 文件后，该 XML 文档在浏览器中的显示结果如图 4-21 所示。

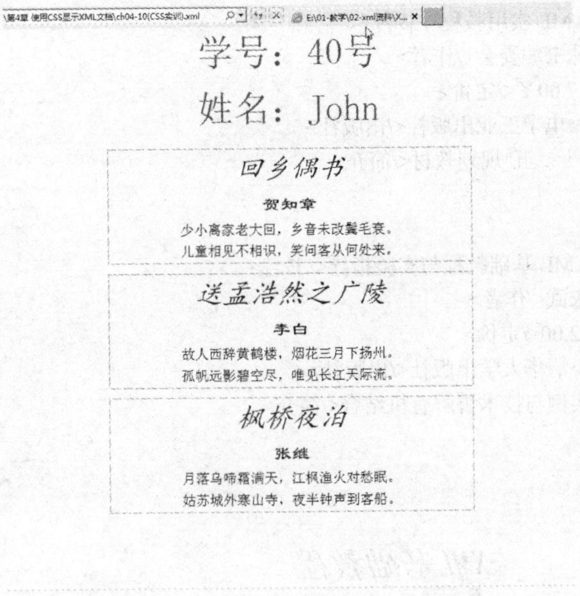

图 4-21 CSS 格式化输出的 XML 文档

4.6 习题

1. 简述使用 CSS 格式化 XML 文档的步骤。
2. 在 CSS 中设置颜色有几种方式，请简单描述。
3. 如何让元素的内容不显示在页面上？
4. 如何以列表方式输出元素内容？以列表方式输出元素时，如何改变列表项目符号的外观？
5. 如何为元素设置边框样式、边框颜色及边框宽度？
6. 在为元素设置背景图像时，如何控制背景图像是否重复平铺？
7. 在 CSS 中可以使用哪些属性实现元素的定位？
8. 如何使用 CSS 实现文本内容的居中对齐？
9. 如何实现元素以上标或者下标的形式出现？
10. 为下面的 XML 文档编写 CSS 文件，实现如图 4-22 所示的数据输出样式。

```
<?xml version="1.0" encoding="GB2312" ?>
<图书信息>
<图书>
    <书名>XML 基础教程</书名>
    <作者>高怡新</作者>
    <定价>23.50￥</定价>
    <出版社>人民邮电出版社</出版社>
    <简介>计算机网络技术系列教材</简介>
</图书>
<图书>
```

```
        <书名>XML 实用教程</书名>
        <作者>丛书编委会</作者>
        <定价>27.00￥</定价>
        <出版社>电子工业出版社</出版社>
        <简介>"十二五"规划教材</简介>
    </图书>
    <图书>
        <书名>XML 基础教程与实验指导</书名>
        <作者>宋武</作者>
        <定价>42.00</定价>
        <出版社>清华大学出版社</出版社>
        <简介>实例与技术讲解有机结合</简介>
    </图书>
</图书信息>
```

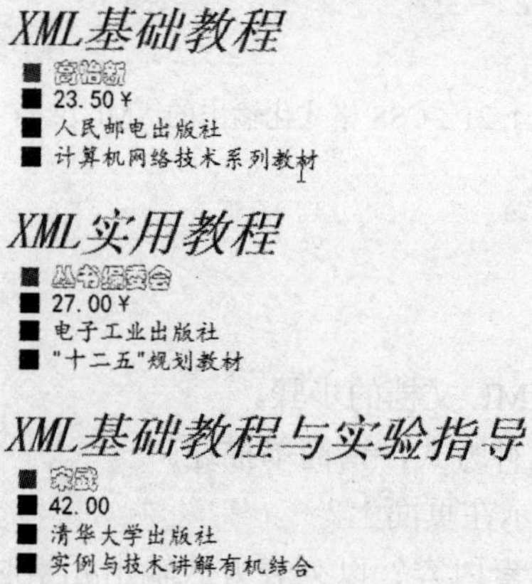

XML基础教程
- 宋佳彬
- 23.50 ￥
- 人民邮电出版社
- 计算机网络技术系列教材

XML实用教程
- 丛书编委会
- 27.00 ￥
- 电子工业出版社
- "十二五"规划教材

XML基础教程与实验指导
- 宋武
- 42.00
- 清华大学出版社
- 实例与技术讲解有机结合

图 4-22　习题 10 输出效果图

11. 为下面的 XML 文档编写 CSS 文件，实现如图 4-23 所示的数据输出样式。

```
<?xml version="1.0" encoding="gb2312" ?>
<诗歌>
    <标题>面朝大海，春暖花开</标题>
    <作者>海子</作者>
    <内容>
        <节>
            <句>从明天起，做一个幸福的人</句>
            <句>喂马，劈柴，周游世界</句>
            <句>从明天起，关心粮食和蔬菜</句>
            <句>我有一所房子，面朝大海，春暖花开</句>
        </节>
        <节>
            <句>从明天起，和每一个亲人通信</句>
            <句>告诉他们我的幸福</句>
```

```
            <句>那幸福的闪电告诉我的</句>
            <句>我将告诉每一个人</句>
        </节>
        <节>
            <句>给每一条河每一座山取一个温暖的名字</句>
            <句>陌生人，我也为你祝福</句>
            <句>愿你有一个灿烂的前程</句>
            <句>愿你有情人终成眷属</句>
            <句>愿你在尘世获得幸福</句>
            <句>我只愿面朝大海，春暖花开</句>
        </节>
    </内容>
</诗歌>
```

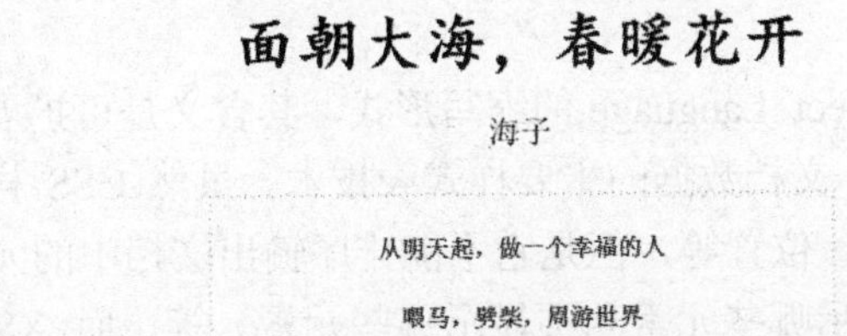

面朝大海，春暖花开

海子

从明天起，做一个幸福的人

喂马，劈柴，周游世界

从明天起，关心粮食和蔬菜

我有一所房子，面朝大海，春暖花开

从明天起，和每一个亲人通信

告诉他们我的幸福

那幸福的闪电告诉我的

我将告诉每一个人

给每一条河每一座山取一个温暖的名字

陌生人，我也为你祝福

愿你有一个灿烂的前程

愿你有情人终成眷属

愿你在尘世获得幸福

我只愿面朝大海，春暖花开

图 4-23　习题 11 输出效果图

第 5 章　使用 XSL 转换 XML 文档

CSS 样式表技术可以轻松地实现 XML 文档数据的格式化输出，但是它只允许指定 XML 元素的显示格式，而不能显示输出元素属性等信息。而可扩展样式表语言 XSL 则可以实现 CSS 样式表无法实现的功能，它可以更好地控制 XML 文档数据的显示方式。本章重点介绍 XSL 模板的定义及应用、XSL 节点定位及节点内容的输出、常用的 XSL 控制指令等内容。

5.1　XSL 概述

XSL 是 eXtensible Stylesheet Language 的缩写形式，其含义是可扩展样式表语言，是目前除 CSS 样式表外显示 XML 文档数据的主要样式表技术。虽然 CSS 样式表可以设置元素内容文本的字体、颜色、背景、位置等，但是它不能排序输出文档中的元素，也不能判断和控制元素的选择性输出（如显示哪些元素和不显示哪些元素）等，而 XSL 则可以实现上述 CSS 样式表无法实现的功能。因此，XSL 在功能方面比 CSS 更灵活、更强大，它是显示 XML 文档的首选显示语言。

XSL 文档本身是一个格式良好的 XML 文档，它遵守 XML 语法规范，是 XML 的一种具体应用，XSL 文档的扩展名是 xsl。

目前，XSL 最主要的功能就是把 XML 文档转换成 HTML 文件，然后由浏览器显示转换结果。目前主流浏览器（如 IE 浏览器等）都内嵌执行 XSL 转换工作的 XSL 处理器，XSL 处理器的主要功能就是根据 XSL 文档（其包含多个指定数据显示方式的控制规则）格式化 XML 文档数据。

5.2　XSL 转换 XML 文档的步骤

使用 XSL 转换 XML 文档时，按照下面的 3 个步骤即可完成文档的转换显示。

1）创建符合要求的 XML 文档。

2）创建符合要求的 XSL 文档。

3）把 2）中创建的 XSL 文档链接到 XML 文档。

把 XSL 文档链接到 XML 文档的语法格式如下：

<?xml-stylesheet type="text/xsl" href="XSL 样式表文件" ?>

说明：

① type 属性值必须是 "text/xsl"，表示使用 XSL 样式表文件显示 XML 文档数据。

② href 属性值表示链接的 XSL 文档，该文档路径既可以使用绝对路径，也可以使用相对路径。

5.3 创建 XSL 文档

在 XMLSpy 2013 中创建 XSL 文档的步骤如下：

1）启动软件 Altova XMLSpy 2013，在打开的主界面菜单栏中单击"文件"→"新建"菜单命令，弹出如图 5-1 所示的"创建新文件"对话框。

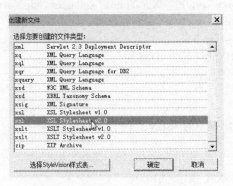

图 5-1 "创建新文件"对话框

2）在图 5-1 中，选择要创建的文件类型"xsl XSL Stylesheet v1.0"或"xsl XSL Stylesheet v2.0"（二者可以任选其一，此处选择后者），然后单击"确定"按钮，弹出如图 5-2 所示的"创建新 XSL/XSLT 文件"对话框。

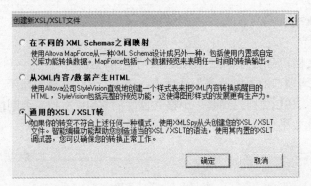

图 5-2 "创建新 XSL/XSLT 文件"对话框

3）在图 5-2 中，单击选中单选按钮"通用的 XSL/XSLT 转"，单击"确定"按钮，打开如图 5-3 所示的 XSL 文档代码编辑窗口。

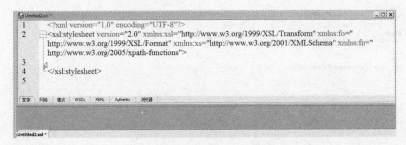

图 5-3 XSL 文档代码编辑窗口

4）在图 5-3 中，把第一行 XML 声明语句中的"UTF-8"修改成"GB2312"（此项修改为可选，需要中文字符编码时修改，否则可以保持默认值"UTF-8"不变），然后从第 3 行开始输入代码。本例对应的 XSL 文档的完整代码如下：

```
<?xml version="1.0" encoding="GB2312"?>
<xsl:stylesheet version="2.0" xmlns:xsl="http://www.w3.org/1999/XSL/Transform"
xmlns:fo="http: //www.w3.org/1999/XSL/Format" xmlns:xs="http://www.w3.org/2001/XMLSchema"
xmlns:fn="http://www. w3.org/2005/xpath-functions">
<!-- XSL 入门应用  -->
<!-- FileName:ch05-1(XSL 入门应用).xsl -->
<xsl:template match="/">
        <html>
                <head>
                        <title>简单的 XSL 入门例子</title>
                </head>
                <body>
                        <h1>XSL 概述:</h1>
                        <p>含义：<xsl:value-of select="XSL 简单应用/含义" /> </p>
                        <p>全称：<xsl:value-of select="XSL 简单应用/全称" /> </p>
                        <p>扩展名：<xsl:value-of select="XSL 简单应用/扩展名" /> </p>
                        <p>功能：<xsl:value-of select="XSL 简单应用/功能" /> </p>
                </body>
        </html>
</xsl:template>
</xsl:stylesheet>
```

5）保存 XSL 文档，命名为 ch05-1(XSL 入门应用).xsl。

6）单击代码编辑窗口的"浏览器"选项卡，查看 XSL 文档的显示。若能看到如图 5-4 所示的效果，则表示 XSL 文档已经是一个格式良好的 XML 文档，否则按照错误提示修改文档，直至能够看到此效果。

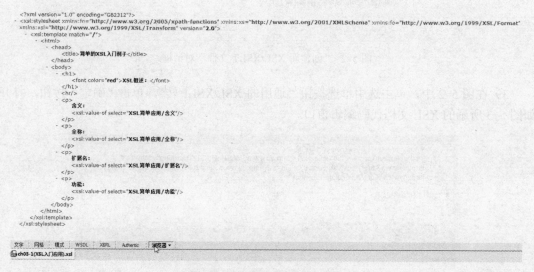

图 5-4　格式良好的 XSL 文档

代码说明：

① 因为 XSL 文档遵守 XML 语法规范，所以 XSL 文档的第 1 行必须是 XML 声明语句。

② XSL 文档必须以"<xsl:stylesheet>"开始，以"</xsl:stylesheet>"结束，其他代码都必须包含在这对标记之间。

③ 每个 XSL 文档中都必须包含一个以"<xsl:template match="/">"开始，以"</xsl:template>"结束的根节点模板（根节点代表的是整个 XML 文档，用符号"/"表示）。

④ XSL 文档一般都是由 HTML 标记和 XSL 标记共同组成，在本例中，根节点模板中包含了一段完整的 HTML 文件代码，同时也包含了 XSL 标记，如"<xsl:value-of select="XSL 简单应用/含义" />"。

⑤ 代码"<xsl:value-of select="XSL 简单应用/含义" />"表示输出元素"XSL 简单应用"下的子元素"含义"的元素内容。xsl:value-of 元素是一个空元素，在结束标记前必须加符号"/"。有关 xsl:value-of 元素的应用在第 5.6 节详细介绍。

⑥ XSL 文档区分大小写。因此，虽然 HTML 标记本身不区分大小写，但是在 XSL 文档中的 HTML 标记必须区分大小写。

⑦ XSL 文档里的每一个标记都必须是开始标记和结束标记配对出现。因此，HTML 中的"
""<hr>"标记，在 XSL 文档中必须表示成"
"或"
</br>"、"<hr />"或"<hr></hr>"这种形式。

【例 5-1】 简单的 XSL 应用。

（1）学习目标

1）了解 XSL 文档的创建。

2）了解 XSL 转换 XML 文档的步骤。

3）了解 XSL 的语法结构。

（2）使用 XSL 转换 XML 文档

1）编写 XML 文档。

```
<?xml version="1.0" encoding="GB2312"?>
<!-- XSL 入门应用 -->
<!-- FileName:ch05-1(XSL 入门应用).xml -->
<XSL 简单应用>
    <XSL 概述>
        <含义>可扩展样式表语言</含义>
        <全称>eXtensible Stylesheet Language</全称>
        <扩展名>xsl</扩展名>
        <功能>把 XML 转换成 HTML</功能>
    </XSL 概述>
</XSL 简单应用>
```

2）编写 XSL 文档。

使用第 5.3 节创建的 XSL 文档"ch05-1(XSL 入门应用).xsl"。

3）把 XSL 文档链接到 XML 文档。

在 1）中编写的 XML 文档中添加下面的处理指令，把 XSL 文档链接到 XML 文档：

<?xml-stylesheet type="text/xsl" href="ch05-1(XSL 入门应用).xsl" ?>

添加上述处理指令后，XML 文档序文部分代码截图如图 5-5 所示。

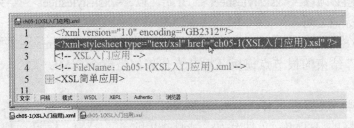

图 5-5　XSL 链接代码

（3）经 XSL 转换后的显示结果

【例 5-1】在浏览器中的显示结果如图 5-6 所示。

图 5-6　XSL 入门应用

使用 XSL 转换 XML 文档时，XSL 处理器会根据 XSL 文档读取对应的 XML 文档数据内容，这些数据经过重新组合、转换后得到一个格式良好的 HTML 文档，最后由浏览器显示这个 HTML 文档。

5.4　XSL 模板

在 XSL 文档中，XML 文档数据的显示样式都必须定义在 XSL 模板中，模板是 XSL 文档的必要组成部分。每个 XSL 文档都必须包含一个根节点模板，还可以根据需要定义其他节点模板，因此 XSL 文档可以看作是由一个或多个模板组成。所以，创建 XSL 文档的过程就是创建一个个模板，然后把各个模板组合到一起，得到一个完整的 XSL 文档。

5.4.1　模板定义

XSL 文档的基本结构是由一个或多个 XSL 模板标记构成，而且所有的模板标记都必须包含在以"<xsl:stylesheet>"开始，以"</xsl:stylesheet>"结束的根元素标记内。本章提到的根节点与根元素是两个不同的概念，根节点代表整个 XML 文档，而根元素则是 XML 文档中最顶层的元素。

定义 XSL 模板的语法格式如下：

<xsl:template match="标记匹配模式">
<!-- 模板定义的具体内容 -->
...
</xsl:template>

说明：

① 在模板定义中，match 属性是必需的，不能省略。

② match 属性值必须用单引号或双引号括起来。

③ match 属性值也被称为模板的"标记匹配模式"，其作用是告知模板在 XML 文档中选择某一个元素，或是选择满足一定条件的一组元素。

④ 设置 match 属性值时，需要根据 XML 文档结构树的结构，给出要提取的元素数据的路径信息。在 XML 文档中，只有与 match 属性值匹配的节点才会被当前模板处理。

match 属性值常用的取值如下。

- match="/"：符号"/"表示根节点，根节点模板会匹配整个 XML 文档。XSL 处理器在转换 XSL 文档时，首先必须找到根节点模板，然后才开始转换 XSL 文档，即 XSL 处理器总是从根节点模板开始实施 XSL 文档的转换。
- match="/*"：符号"/*"表示根元素，根元素模板会匹配 XML 文档的根元素，即 XML 文档最顶层的元素。
- match="元素名"：表示对应模板会匹配"元素名"指定的元素。
- match="父元素/子元素"：表示对应模板会匹配指定父元素下的子元素。

【例 5-2】 根节点模板的定义及应用。

（1）学习目标

1）掌握 XSL 文档的创建。

2）掌握 XSL 转换 XML 文档的步骤。

3）掌握 XSL 根节点模板的定义及应用。

（2）使用 XSL 转换 XML 文档

1）编写 XML 文档。

```
<?xml version="1.0" encoding="GB2312"?>
<!-- XSL 模板 -->
<!-- FileName:ch05-2(XSL 模板-根节点模板).xml -->
<XSL 根元素>
    <子元素 1
        <名称>模板 1</名称>
        <样式>输出红色文字</样式>
    </子元素 1>
    <子元素 2>
        <名称>模板 2</名称>
        <样式>输出蓝色文字</样式>
    </子元素 2>
```

</XSL 根元素>

2）编写 XSL 文档。

只定义一个根节点模板，在此模板中实现 XML 文档的转换，XML 处理器会从根节点开始匹配输出指定的元素内容，对应的 XSL 文档代码如下：

```
<?xml version="1.0" encoding="GB2312"?>
<xsl:stylesheet version="2.0" xmlns:xsl="http://www.w3.org/1999/XSL/Transform"
xmlns:fo="http://www.w3.org/1999/XSL/Format" xmlns:xs="http://www.w3.org/2001/XMLSchema"
xmlns:fn="http://www.w3.org/2005/xpath-functions">
<!-- XSL 模板 -->
<!-- FileName:ch05-2(XSL 模板-根节点模板).xsl -->
<!-- 定义根节点模板 -->
    <xsl:template match="/">
        <html>
            <head>
                <title>XSL 模板</title>
            </head>
            <body>
                <h1>
                    <font color="green">
                        只定义一个根节点模板
                    </font>
                </h1>
                <hr />
                <h2><font color="red">输出子元素 1 的内容</font></h2>
                <font color="red">
                    <p>名称：<xsl:value-of select="XSL 根元素/子元素 1/名称" /></p>
                    <p>样式：<xsl:value-of select="XSL 根元素/子元素 1/样式" /></p>
                </font>
                <hr />
                <h2><font color="blue">输出子元素 2 的内容</font></h2>
                <font color="blue">
                    <p>名称：<xsl:value-of select="XSL 根元素/子元素 2/名称" /></p>
                    <p>样式：<xsl:value-of select="XSL 根元素/子元素 2/样式" /></p>
                </font>
            </body>
        </html>
    </xsl:template>
</xsl:stylesheet>
```

3）把 XSL 文档链接到 XML 文档。

在 1）中编写的 XML 文档中添加下面的处理指令，把 XSL 文档链接到 XML 文档：

```
<?xml-stylesheet type="text/xsl" href="ch05-2(XSL 模板-根节点模板).xsl" ?>
```

添加上述处理指令后，XML 文档序文部分代码截图如图 5-7 所示。

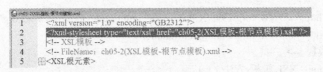

図 5-7　XSL 链接代码

（3）经 XSL 转换后的显示结果

【例 5-2】在浏览器中的显示结果如图 5-8 所示。

图 5-8　根节点模板应用

5.4.2　模板调用

在一个根节点模板中实现全部 XSL 转换的方法，仅适用于结构简单的 XML 文档。如果 XML 文档的结构比较复杂，定义单一的根节点模板将无法很好地组织 XSL 文档结构，从而增加 XSL 文档的复杂性，在此情况下最好利用多模板定义、模板调用的方法实现 XSL 转换。

XSL 模板调用的基本语法格式如下：

<xsl:apply-templates select="标记匹配模式" />

说明：

① 模板调用元素 xsl:apply-templates 是一个空元素，在结束标记前必须加符号 "/"。

② select 属性值用于指定要调用的模板，必须用单引号或双引号括起来。

③ XSL 处理器在执行模板调用时，会调用指定的模板处理 XML 文档中每一个匹配的元素节点，并把转换之后的 HTML 代码放在本模板调用语句所在的位置。

定义多个模板时，根节点模板是必须定义的，其他模板根据需要定义，然后在多个模板之间正确应用模板调用。多个模板的定义、调用实现了 XSL 文档的模块化。

利用多模板定义、模板间调用的方法对【例 5-2】中的 XML 文档进行转换，实现如图 5-9 所示的显示结果，对应的 XSL 文档如下：

```
<?xml version="1.0" encoding="GB2312"?>
<xsl:stylesheet version="2.0" xmlns:xsl="http://www.w3.org/1999/XSL/Transform"
```

```
xmlns:fo="http://www.w3.org/1999/XSL/Format" xmlns:xs="http://www.w3.org/2001/XMLSchema"
xmlns:fn="http://www.w3.org/2005/xpath-functions">
<!-- XSL 模板 -->
<!-- FileName：XSL 模板-方法 2.xsl -->
<!-- 定义根节点模板 -->
    <xsl:template match="/">
        <html>
            <head>
                <title>XSL 模板</title>
            </head>
            <body>
                <font color="green" size="5">
                方法 2：
                    <ol>
                        <li>定义根节点模板，在根节点模板中调用根元素模板</li>
                        <li>定义根元素模板，在根元素模板中调用子元素 1、子元素 2
                        模板</li>
                        <li>定义子元素 1 模板，在子元素 1 模板中输出子元素 1 的内容</li>
                        <li>定义子元素 2 模板，在子元素 2 模板中输出子元素 2 的内容</li>
                    </ol>
                </font>
                <hr />
                <h2><font color="gold">在根节点模板中调用根元素模板</font></h2>
                <hr />
                <!-- 调用根元素模板 -->
                <xsl:apply-templates select="XSL 根元素" />
            </body>
        </html>
</xsl:template>
<!-- 定义根元素模板 -->
<xsl:template match="XSL 根元素">
    <h2><font color="pink">在根元素模板中调用子元素 1 模板</font></h2>
    <!-- 调用子元素 1 模板-->
    <xsl:apply-templates select="子元素 1" />
    <hr />
    <!-- 调用子元素 2 模板-->
    <h2><font color="purple">在根元素模板中调用子元素 2 模板</font></h2>
    <!-- 调用子元素 2 模板-->
    <xsl:apply-templates select="子元素 2" />
    <hr />
</xsl:template>
<!-- 定义子元素 1 模板 -->
<xsl:template match="子元素 1">
    <h2><font color="red">输出子元素 1 的内容</font></h2>
    <font color="red">
        <p>名称：<xsl:value-of select="名称" /></p>
```

```
                <p>样式：<xsl:value-of select="样式" /></p>
            </font>
        </xsl:template>
        <!-- 定义子元素 2 模板 -->
        <xsl:template match="子元素 2">
            <h2><font color="blue">输出子元素 2 的内容</font></h2>
            <font color="blue">
                <p>名称：<xsl:value-of select="名称" /></p>
                <p>样式：<xsl:value-of select="样式" /></p>
            </font>
        </xsl:template>
    </xsl:stylesheet>
```

代码说明：

① 该 XSL 文档中定义了 4 个模板：根节点模板、根元素模板、子元素 1 模板、子元素 2 模板，其中多个模板之间的调用关系是这样的：在根节点模板定义中调用根元素模板；在根元素模板定义中调用子元素 1 模板、子元素 2 模板；在子元素 1 模板定义中输出子元素 1 的内容；在子元素 2 模板定义中输出子元素 2 的内容。

② XSL 文档的转换过程：XSL 处理器首先找到根节点模板，执行根节点模板定义的内容，当执行到调用根元素模板时，XSL 处理器就转去执行根元素模板的定义内容，在根元素模板中，当执行到调用子元素 1 模板时，XSL 处理器又转去执行子元素 1 模板的定义内容，子元素 1 模板的定义内容执行完后，XSL 处理器又回到根元素模板中继续执行根元素模板的定义内容，当执行到调用子元素 2 模板时，XSL 处理器又转去执行子元素 2 模板的定义内容，子元素 2 模板的定义内容执行完后，XSL 处理器又回到根元素模板中……依次执行下去，直至 XSL 文档执行完毕。

把上述 XSL 文档链接到【例 5-2】中的 XML 文档，显示结果如图 5-9 所示。

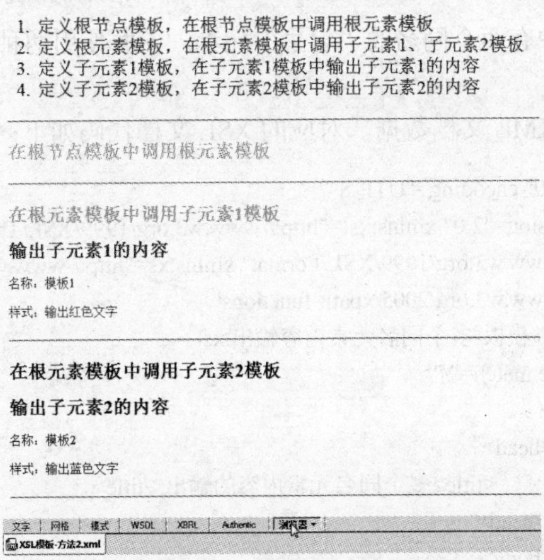

图 5-9   XSL 模板-方法 2

利用多模板定义、模板间调用的方法实现 XSL 文档转换时，不仅可以有效地组织 XSL 文档结构，实现文档代码层次清晰，降低 XSL 文档的复杂性，而且还可以实现 XML 文档中多个同名元素内容的输出。

例如，若要使用 XSL 文档格式化输出下面的 XML 文档数据，就可以使用这种多模板定义、调用的方法。XML 文档代码如下：

```xml
<?xml version="1.0" encoding="GB2312"?>
<!-- XSL 模板 -->
<!-- FileName：XSL 模板-多个同名元素内容输出.xml -->
<学生信息>
    <学生>
        <学号>S01</学号>
        <姓名>张三</姓名>
        <成绩>90</成绩>
        <等级>优秀</等级>
    </学生>
    <学生>
        <学号>S02</学号>
        <姓名>李丽</姓名>
        <成绩>82</成绩>
        <等级>良好</等级>
    </学生>
    <学生>
        <学号>S03</学号>
        <姓名>王鹏</姓名>
        <成绩>57</成绩>
        <等级>不及格</等级>
    </学生>
</学生信息>
```

在上述 XML 文档中有两个同名的"学生"元素，下面使用两种方法编写 XSL 文档，实现不同格式的数据输出。

方法 1：简单输出 XML 文档数据，对应的 XSL 文档代码如下：

```xml
<?xml version="1.0" encoding="UTF-8"?>
<xsl:stylesheet version="2.0" xmlns:xsl="http://www.w3.org/1999/XSL/Transform"
xmlns:fo="http://www.w3.org/1999/XSL/Format" xmlns:xs="http://www.w3.org/2001/XMLSchema"
xmlns:fn="http://www.w3.org/2005/xpath-functions">
<!--FileName: XSL 模板-多个同名元素内容输出.xsl -->
    <xsl:template match="/">
        <html>
            <head>
                <title>多个同名元素内容的输出</title>
            </head>
            <body>
                <h1>多个同名元素内容的输出</h1>
```

```
                <xsl:apply-templates select="学生信息" />
            </body>
        </html>
    </xsl:template>
    <xsl:template match="学生信息">
        <xsl:apply-templates select="学生" />
    </xsl:template>
    <xsl:template match="学生">
        <p>学号：<xsl:value-of select="学号" /></p>
        <p>姓名：<xsl:value-of select="姓名" /></p>
        <p>成绩：<xsl:value-of select="成绩" /></p>
        <p>等级：<xsl:value-of select="等级" /></p>
        <hr />
    </xsl:template>
</xsl:stylesheet>
```

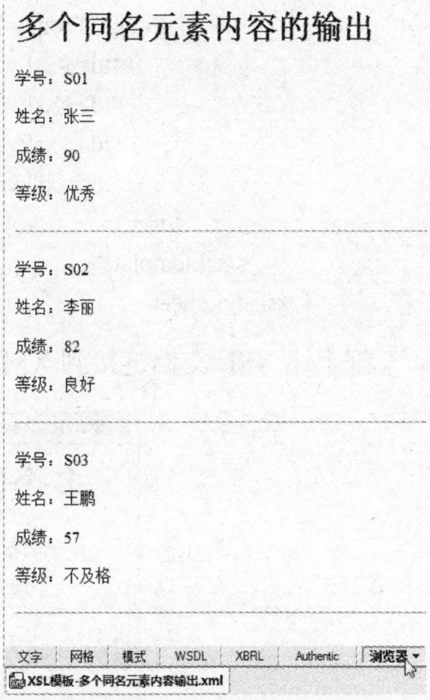

多个同名元素内容的输出

学号：S01

姓名：张三

成绩：90

等级：优秀

学号：S02

姓名：李丽

成绩：82

等级：良好

学号：S03

姓名：王鹏

成绩：57

等级：不及格

文字　网格　模式　WSDL　XBRL　Authentic　浏览器▾

XSL模板-多个同名元素内容输出.xml

图 5-10　同名元素内容输出 1

把上述 XSL 文档链接到 XML 文档，显示结果如图 5-10 所示。

方法 2：把 XML 文档数据输出到表格中，对应的 XSL 文档代码如下：

```
<?xml version="1.0" encoding="UTF-8"?>
<!-- FileName：XSL 模板-多个同名元素内容输出-表格.html -->
<xsl:stylesheet version="2.0" xmlns:xsl="http://www.w3.org/1999/XSL/Transform"
xmlns:fo="http://www.w3.org/1999/XSL/Format" xmlns:xs="http://www.w3.org/2001/XMLSchema"
xmlns:fn="http://www.w3.org/2005/xpath-functions">
    <xsl:template match="/">
        <html>
            <head>
                <title>模板定义、模板调用</title>
            </head>
            <body>
                <h1 align="center">多个同名元素内容的输出(表格)</h1>
                <table border="1" align="center" width="90%">
                    <tr>
                        <th>学号</th>
                        <th>姓名</th>
                        <th>成绩</th>
                        <th>等级</th>
                    </tr>
                    <xsl:apply-templates select="学生信息" />
                </table>
            </body>
        </html>
    </xsl:template>
    <xsl:template match="学生信息">
        <xsl:apply-templates select="学生" />
```

```
        </xsl:template>
        <xsl:template match="学生">
            <tr align="center">
                <td><xsl:value-of select="学号" /></td>
                <td><xsl:value-of select="姓名" /></td>
                <td><xsl:value-of select="成绩" /></td>
                <td><xsl:value-of select="等级" /></td>
            </tr>
        </xsl:template>
    </xsl:stylesheet>
```

把上述 XSL 文档链接到 XML 文档，显示结果如图 5-11 所示。

图 5-11　同名元素内容输出 2

为了实现了同名元素内容的输出，不仅可以使用上述的多模板定义、调用的方法，还可以使用 XSL 循环处理指令，相关内容将在第 5.7 节详细介绍。

5.5　XSL 节点定位

XSL 节点的定位分为绝对定位和相对定位。绝对定位的 XSL 节点是从根节点 "/" 开始，按照节点在 XML 文档结构树中的位置指定一个完整的路径；相对定位的 XSL 节点则是以当前节点的位置为参照进行定位。

【例 5-3】　XSL 节点定位。

（1）学习目标

1）掌握 XSL 文档的创建。

2）掌握 XSL 转换 XML 文档的步骤。

3）掌握 XSL 模板的创建、模板的调用。

4）掌握 XSL 节点的绝对定位和相对定位。

（2）使用 XSL 转换 XML 文档

1）编写 XML 文档。

```
<?xml version="1.0" encoding="GB2312"?>
<!-- XSL 元素节点定位 -->
```

```
<!-- FileName:ch05-3(XSL 元素节点定位).xml -->
<XSL 元素节点定位>
    <绝对定位>
        <说明>绝对定位找到我</说明>
    </绝对定位>
    <相对定位>
        <说明>相对定位找到我</说明>
    </相对定位>
</XSL 元素节点定位>
```

2）编写 XSL 文档。

```
<?xml version="1.0" encoding="GB2312"?>
<xsl:stylesheet version="2.0" xmlns:xsl="http://www.w3.org/1999/XSL/Transform"
xmlns:fo="http://www.w3.org/1999/XSL/Format" xmlns:xs="http://www.w3.org/2001/XMLSchema"
xmlns:fn="http://www.w3.org/2005/xpath-functions">
<!-- XSL 节点定位  -->
<!-- FileName:ch05-3(XSL 元素节点定位).xsl -->
<!-- 定义根节点模板  -->
    <xsl:template match="/">
        <html>
            <head>
                <title>XSL 模板</title>
            </head>
            <body>
                <!--调用根元素模板-->
                <xsl:apply-templates select="XSL 元素节点定位" />
            </body>
        </html>
    </xsl:template>
    <!--定义根元素模板-->
    <xsl:template match="XSL 元素节点定位">
        <p>绝对定位输出：<xsl:value-of select="/XSL 元素节点定位/绝对定位" /></p>
        <p>相对定位输出：<xsl:value-of select="相对定位" /></p>
    </xsl:template>
</xsl:stylesheet>
```

代码说明：

① 使用绝对定位"/XSL 元素节点定位/绝对定位"匹配找到元素节点"绝对定位"，以"XSL 元素节点定位"元素作为参照相对定位匹配找到元素节点"相对定位"。

② 该 XSL 文档中定义了两个模板：根节点模板和根元素模板，在根节点模板中调用根元素模板，在根元素模板中输出 XML 文档数据内容。

3）把 XSL 文档链接到 XML 文档。

在 1）中编写的 XML 文档中添加下面的处理指令，把 XSL 文档链接到 XML 文档：

```
<?xml-stylesheet type="text/xsl" href="ch05-3(XSL 元素节点定位).xsl" ?>
```

添加上述处理指令后，XML 文档序文部分代码截图如图 5-12 所示。

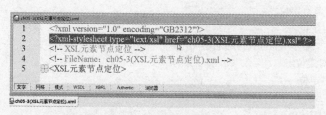

图 5-12　XSL 链接代码

（3）经 XSL 转换后的显示结果

【例 5-3】在浏览器中的显示结果如图 5-13 所示。

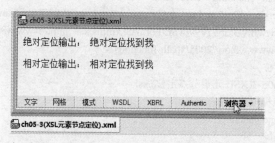

图 5-13　XSL 元素节点定位

5.6　XSL 节点内容输出

在 XSL 文档中，使用 xsl:value-of 元素可以选择 XML 文档中的节点并输出该节点内容，其语法格式如下：

<xsl:value-of select="输出节点" />

说明：

① xsl:value-of 元素是一个空元素，在结束标记前必须加符号"/"。

② select 属性用来定位节点，其属性值可以使用节点相对定位，也可以使用节点绝对定位。

③ XSL 处理器执行"<xsl:value-of select="输出节点" />"时，会根据 select 属性值在 XML 文档结构树中查找该节点，若该节点存在则提取数据，并按照 XSL 文档中规定的样式显示节点内容。

XML 文档中的节点类型不同，其内容输出格式也不同。

1. 元素节点内容输出

输出元素节点内容的语法格式如下：

<xsl:value-of select="元素节点" />

其中，元素节点可以使用绝对定位，也可以使用相对定位。

如【例 5-3】中的语句<xsl:value-of select="相对定位" />表示输出元素节点"相对定位"

的内容。

2. 属性节点内容输出

输出属性节点内容的语法格式如下：

<xsl:value-of select="元素节点/@属性名" />

其中，select 属性值中的"元素节点"是"@属性名"中的属性隶属的元素名称。

如输出元素"<姓名 曾用名="张例">张丽</姓名>"的属性"曾用名"的属性值，其代码如下：

<xsl:value-of select="姓名/@曾用名" />

【例 5-4】 XSL 节点内容的输出。

（1）学习目标

1）掌握 XSL 文档的创建。

2）掌握 XSL 转换 XML 文档的步骤。

3）掌握 XSL 模板应用。

4）掌握节点定位、节点内容输出。

（2）使用 XSL 转换 XML 文档

1）编写 XML 文档。

```
<?xml version="1.0" encoding="GB2312"?>
<!-- XSL 节点内容输出  -->
<!-- FileName:ch05-4(XSL 节点内容输出).xml -->
<XSL 节点内容输出>
    <元素节点输出>
        <说明>我是元素节点的内容</说明>
    </元素节点输出>
    <属性节点输出 说明="我是属性值。该元素是一个空元素！" />
</XSL 节点内容输出>
```

2）编写 XSL 文档。

```
<?xml version="1.0" encoding="GB2312"?>
<xsl:stylesheet version="2.0" xmlns:xsl="http://www.w3.org/1999/XSL/Transform"
xmlns:fo="http://www.w3.org/1999/XSL/Format" xmlns:xs="http://www.w3.org/2001/XMLSchema"
xmlns:fn="http://www.w3.org/2005/xpath-functions">
<!-- XSL 节点内容输出  -->
<!-- FileName:ch05-4(XSL 节点内容输出).xsl -->
<!-- 定义根节点模板  -->
    <xsl:template match="/">
        <html>
            <head>
                <title>XSL 节点内容输出</title>
            </head>
            <body>
                <h2>
```

```
                    <p>1．输出元素节点内容</p>
                    <font color="red">
                        <xsl:value-of    select="XSL 节点内容输出/元素节点输出/说明" />
                    </font>
                </h2>
                <hr />
                <h2>
                    <p>2．输出属性节点内容</p>
                    <font color="red">
                        <xsl:value-of    select="XSL 节点内容输出/属性节点输出/@说明" />
                    </font>
                </h2>
            </body>
        </html>
    </xsl:template>
</xsl:stylesheet>
```

3）把 XSL 文档链接到 XML 文档。

在 1）中编写的 XML 文档中添加下面的处理指令，把 XSL 文档链接到 XML 文档：

```
<?xml-stylesheet type="text/xsl" href="ch05-4(XSL 节点内容输出).xsl" ?>
```

添加上述处理指令后，XML 文档序文部分代码截图如图 5-14 所示。

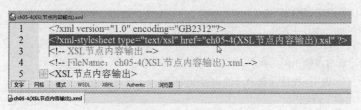

图 5-14　XSL 链接代码

（3）经 XSL 转换后的显示结果

【例 5-4】在浏览器中的显示结果如图 5-15 所示。

图 5-15　XSL 节点内容输出

5.7　XSL 控制指令

与 CSS 相比，XSL 可以对 XML 文档中的数据进行更为复杂的处理，如数据的排序、数据的判断输出等。为了实现这些功能，XSL 提供了特定的控制指令标记实现数据的排序、筛选和判断，本节主要介绍几个常用的 XSL 控制指令，如单条件判断指令、多条件判断指令、排序指令等。

5.7.1　单条件判断指令

单条件判断指令可以用来显示指定的元素或属性，其语法格式如下：

```
<xsl:if test="条件">
    语句块
</xsl:if>
```

说明:

① test 属性是必需的,它用来指定判断条件。

② 单条件判断指令在语法含义上类似于编程语言中的 if 语句。

③ 单条件判断指令的执行过程:执行单条件判断指令时,首先判断 test 属性中的判断条件,如果判断条件满足,则执行 "<xsl:if>...</xsl:if>" 之间的语句块。

单条件判断指令中的判断条件可以是元素内容,也可以是属性。

1. 以元素内容作为判断条件

以元素内容作为判断条件时,单条件判断指令的语法格式如下:

```
<xsl:if test="元素名[.='元素内容']">
    语句块
</xsl:if>
```

其中,判断条件中的元素内容必须用单引号括起来。

2. 以属性作为判断条件

以属性作为判断条件时,单条件判断指令的语法格式如下:

```
<xsl:if test="@属性名='属性值'">
    语句块
</xsl:if>
```

其中,判断条件中的属性值必须用单引号括起来。

【例 5-5】 单条件判断指令的应用。

(1) 学习目标

1) 掌握 XSL 文档的创建。

2) 掌握 XSL 转换 XML 文档的步骤。

3) 掌握 XSL 模板的创建、模板的调用。

4) 掌握 XSL 单条件判断指令的应用。

(2) 使用 XSL 转换 XML 文档

1) 编写 XML 文档。

```
<?xml version="1.0" encoding="GB2312"?>
<!-- XSL 单条件判断指令 -->
<!-- FileName:ch05-5(XSL 单条件判断指令).xml -->
<商品信息>
        <商品 类别="水果">
            <编号>C01</编号>
            <名称>苹果</名称>
        </商品>
        <商品 类别="服装">
            <编号>C02</编号>
```

```
                    <名称>西裤</名称>
            </商品>
            <商品 类别="服装">
                    <编号>C03</编号>
                    <名称>毛衣</名称>
            </商品>
            <商品 类别="服装">
                    <编号>C04</编号>
                    <名称>衬衫</名称>
            </商品>
    </商品信息>
```

2）编写 XSL 文档。

```
<?xml version="1.0" encoding="GB2312"?>
<xsl:stylesheet version="2.0" xmlns:xsl="http://www.w3.org/1999/XSL/Transform"
xmlns:fo="http://www.w3.org/1999/XSL/Format" xmlns:xs="http://www.w3.org/2001/XMLSchema"
xmlns:fn="http://www.w3.org/2005/xpath-functions">
<!-- XSL 单条件判断指令  -->
<!-- FileName:ch05-5(XSL 单条件判断指令).xsl -->
<!--  定义根节点模板  -->
    <xsl:template match="/">
        <html>
            <head>
                    <title>XSL 单条件判断指令</title>
            </head>
            <body>
                    <h2 align="center">单条件判断指令的应用</h2>
                    <!-- 调用根元素商品信息模板-->
                    <xsl:apply-templates select="商品信息" />
            </body>
        </html>
    </xsl:template>
    <!--定义根元素商品信息模板-->
    <xsl:template match="商品信息">
        <table border="1" align="center" width="50%">
            <tr>
                    <th>类别</th>
                    <th>编号</th>
                    <th>名称</th>
            </tr>
            <!--调用商品模板-->
            <xsl:apply-templates select="商品"   />
        </table>
    </xsl:template>
    <!--定义商品模板-->
```

146

```
<xsl:template match="商品">
    <!--只输出类别为服装类商品且编号为 C03 的商品信息-->
    <xsl:if    test="@类别='服装'">
        <xsl:if test="编号[.='C03']">
            <tr align="center">
                <td><xsl:value-of    select="@类别"/></td>
                <td><xsl:value-of    select="编号"/></td>
                <td><xsl:value-of    select="名称"/></td>
            </tr>
        </xsl:if>
    </xsl:if>
</xsl:template>
</xsl:stylesheet>
```

3）把 XSL 文档链接到 XML 文档。

在 1）中编写的 XML 文档中添加下面的处理指令，把 XSL 文档链接到 XML 文档：

```
<?xml-stylesheet type="text/xsl" href="ch05-5(XSL 单条件判断指令).xsl" ?>
```

添加上述处理指令后，XML 文档序文部分代码截图如图 5-16 所示。

图 5-16　XSL 链接代码

（3）经 XSL 转换后的显示结果

【例 5-5】在浏览器中的显示结果如图 5-17 所示。

单条件判断指令的应用

类别	编号	名称
服装	C03	毛衣

图 5-17　单条件判断指令的应用

在此例中，以属性"类别"作为判断条件判断商品是否是服装类，在满足这个条件的基础上又以元素"编号"的内容"C03"为条件判断商品是否是编号为"C03"的服装类。

5.7.2　多条件判断指令

单条件判断指令只能对简单的单个条件作出判断，如果判断条件有多个，可以使用多条件判断指令。

多条件判断指令标记需要联合两个子标记<xsl:when>、<xsl:otherwise>共同使用，其语法格式如下：

```
<xsl:choose>
    <xsl:when test="条件 1">
        语句块 1
    </xsl:when>
    ...
    <xsl:when test="条件 m">
        语句块 m
    </xsl:when>
    ...
    <xsl:otherwise>
        语句块 n
    </xsl:otherwise>
</xsl:choose>
```

说明：

① 多条件判断指令必须以"<xsl:choose>"开始，以"</xsl:choose>"结束。

② 在"<xsl:choose>...</xsl:choose>"之间必须至少包含一个 xsl:when 元素，xsl:otherwise 元素是可选的（如果存在，则必须位于 xsl:when 之后）。

③ 每一个 xsl:when 元素用来指定一个判断条件。

④ 多条件判断指令在语法含义上类似于编程语言中的 if ...then...else 语句。

⑤ 多条件判断指令的执行过程：执行多条件判断指令时，首先从第一个 xsl:when 开始判断条件，如果满足条件，则执行语句块 1，执行完毕后条件判断结束；否则，按照 xsl:when 出现的顺序依次进行判断。如果第 m(m>1)个 xsl:when 中的判断条件被满足，则执行对应的语句块 m，执行完毕后条件判断结束；如果 xsl:when 中的条件判断到最后也没有条件被满足，则执行 xsl:otherwise 中的语句块 n（若没有 xsl:otherwise，则不进行任何操作）。

【例 5-6】 多条件判断指令的应用。

（1）学习目标

1）掌握 XSL 文档的创建。

2）掌握 XSL 转换 XML 文档的步骤。

3）掌握 XSL 模板的创建、模板的调用。

4）掌握 XSL 多条件判断指令的应用。

（2）使用 XSL 转换 XML 文档

1）编写 XML 文档。

```
<?xml version="1.0" encoding="GB2312"?>
<!-- XSL 多条件判断指令 -->
<!-- FileName:ch05-6(XSL 多条件判断指令).xml -->
<课程成绩>
    <课程>
```

```
<课程编号>C01</课程编号>
<课程名称>Java Web 应用开发</课程名称>
<学生>
        <学号>S01</学号>
        <姓名>张三</姓名>
        <成绩>90</成绩>
        <等级>优</等级>
</学生>
<学生>
        <学号>S02</学号>
        <姓名>李丽</姓名>
        <成绩>82</成绩>
        <等级>良</等级>
</学生>
<学生>
        <学号>S03</学号>
        <姓名>王鹏</姓名>
        <成绩>57</成绩>
        <等级>不及格</等级>
</学生>
<学生>
        <学号>S04</学号>
        <姓名>马鹏</姓名>
        <成绩>67</成绩>
        <等级>及格</等级>
</学生>
<学生>
        <学号>S05</学号>
        <姓名>梁子</姓名>
        <成绩>77</成绩>
        <等级>中</等级>
</学生>
</课程>
<课程>
        <课程编号>C02</课程编号>
        <课程名称>PHP 应用开发</课程名称>
        <学生>
                <学号>S01</学号>
                <姓名>张三</姓名>
                <成绩>95</成绩>
                <等级>优</等级>
        </学生>
        <学生>
                <学号>S02</学号>
                <姓名>李丽</姓名>
```

```
                        <成绩>82</成绩>
                        <等级>良</等级>
                </学生>
                <学生>
                        <学号>S03</学号>
                        <姓名>王鹏</姓名>
                        <成绩>47</成绩>
                        <等级>不及格</等级>
                </学生>
                <学生>
                        <学号>S04</学号>
                        <姓名>马鹏</姓名>
                        <成绩>61</成绩>
                        <等级>及格</等级>
                </学生>
                <学生>
                        <学号>S05</学号>
                        <姓名>梁子</姓名>
                        <成绩>72</成绩>
                        <等级>中</等级>
                </学生>
        </课程>
</课程成绩>
```

2）编写 XSL 文档。

```
<?xml version="1.0" encoding="GB2312"?>
<xsl:stylesheet version="2.0" xmlns:xsl="http://www.w3.org/1999/XSL/Transform"
xmlns:fo="http://www.w3.org/1999/XSL/Format" xmlns:xs="http://www.w3.org/2001/XMLSchema"
xmlns:fn="http://www.w3.org/2005/xpath-functions">
<!-- XSL 多条件判断指令  -->
<!-- FileName:ch05-6(XSL 多条件判断指令).xsl -->
<!-- 定义根节点模板  -->
    <xsl:template match="/">
        <html>
            <head>
                <title>XSL 多条件判断指令</title>
            </head>
            <body>
                <h2 align="center">多条件判断指令的应用</h2>
                <!-- 调用根元素课程成绩模板-->
                <xsl:apply-templates select="课程成绩" />
            </body>
        </html>
    </xsl:template>
<!--定义根元素课程成绩模板-->
```

150

```xml
<xsl:template match="课程成绩">
    <!--调用课程模板  -->
    <xsl:apply-templates select="课程" />
</xsl:template>
<!--定义课程模板-->
<xsl:template match="课程">
    <table border="1" align="center" width="60%">
        <tr>
            <th>课程编号</th>
            <td colspan="3"><xsl:value-of select="课程编号" /></td>
        </tr>
        <tr>
            <th>课程名称</th>
            <td colspan="3"><xsl:value-of select="课程名称" /></td>
        </tr>
        <tr>
            <th>学号</th>
            <th>姓名</th>
            <th>成绩</th>
            <th>等级</th>
        </tr>
        <!--调用学生模板-->
        <xsl:apply-templates select="学生" />
    </table>
    <p></p>
</xsl:template>
<!-- 定义学生模板-->
<xsl:template match="学生">
    <xsl:choose>
        <xsl:when test="成绩[.&gt;='90']">
            <tr align="center" bgcolor="pink">
                <td><xsl:value-of select="学号" /></td>
                <td><xsl:value-of select="姓名" /></td>
                <td><xsl:value-of select="成绩" /></td>
                <td><xsl:value-of select="等级" /></td>
            </tr>
        </xsl:when>
        <xsl:when test="成绩[.&gt;='80']">
            <tr align="center" bgcolor="yellow">
                <td><xsl:value-of select="学号" /></td>
                <td><xsl:value-of select="姓名" /></td>
                <td><xsl:value-of select="成绩" /></td>
                <td><xsl:value-of select="等级" /></td>
            </tr>
        </xsl:when>
```

```
<xsl:when test="成绩[.&gt;='70']">
    <tr align="center" bgcolor="gold">
        <td><xsl:value-of select="学号" /></td>
        <td><xsl:value-of select="姓名" /></td>
        <td><xsl:value-of select="成绩" /></td>
        <td><xsl:value-of select="等级" /></td>
    </tr>
</xsl:when>
<xsl:when test="成绩[.&gt;='60']">
    <tr align="center" bgcolor="purple">
        <td><xsl:value-of select="学号" /></td>
        <td><xsl:value-of select="姓名" /></td>
        <td><xsl:value-of select="成绩" /></td>
        <td><xsl:value-of select="等级" /></td>
    </tr>
</xsl:when>
<xsl:otherwise>
    <tr align="center" bgcolor="red">
        <td><xsl:value-of select="学号" /></td>
        <td><xsl:value-of select="姓名" /></td>
        <td><xsl:value-of select="成绩" /></td>
        <td><xsl:value-of select="等级" /></td>
    </tr>
</xsl:otherwise>
</xsl:choose>
</xsl:template>
</xsl:stylesheet>
```

3）把 XSL 文档链接到 XML 文档。

在 1）中编写的 XML 文档中添加下面的处理指令，把 XSL 文档链接到 XML 文档：

```
<?xml-stylesheet type="text/xsl" href="ch05-6(XSL 多条件判断指令).xsl" ?>
```

添加上述处理指令后，XML 文档序文部分代码截图如图 5-18 所示。

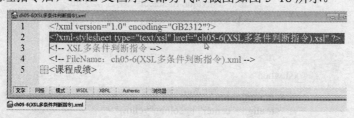

图 5-18   XSL 链接代码

（3）经 XSL 转换后的显示结果

【例 5-6】在浏览器中的显示结果如图 5-19 所示。在此例中，以"成绩"元素的内容作为判断条件，根据成绩等级设置不同的行背景颜色，代码中的大于号">"使用预定义实体">"代替。

图 5-19　多条件判断指令的应用

5.7.3　循环处理指令

循环处理指令可以实现 XML 文档中多个同名元素内容的显示，其语法格式如下：

> **<xsl:for-each select="元素节点集">**
>
> **　　　语句块**
>
> **</xsl:for-each>**

说明：

① select 属性指定对哪个元素节点集下的元素进行循环处理。

② 循环处理指令在语法含义上类似于编程语言中的 for 循环。

③ 循环处理指令的执行过程：循环处理指令按照 select 属性的值，查找 XML 文档中与 select 属性值匹配的元素节点，如果找到匹配节点则按照要求输出，依次执行下去，直到输出所有满足条件的节点内容。循环处理指令的循环次数与匹配的节点个数相同。

【例 5-7】　循环处理指令的应用。

（1）学习目标

1）掌握 XSL 文档的创建。

2）掌握 XSL 转换 XML 文档的步骤。

3）掌握 XSL 模板的创建、模板的调用。

4）掌握 XSL 循环处理指令的应用。

（2）使用 XSL 转换 XML 文档

1）编写 XML 文档。

> <?xml version="1.0" encoding="GB2312"?>
> <!-- XSL 多条件判断指令 -->
> <!-- FileName:ch05-7(XSL 循环处理指令).xml -->
> ...（内容同【例 5-6】中的 XML 文档内容）

2）编写 XSL 文档。

```
<?xml version="1.0" encoding="GB2312"?>
<xsl:stylesheet version="2.0" xmlns:xsl="http://www.w3.org/1999/XSL/Transform"
xmlns:fo="http://www.w3.org/1999/XSL/Format" xmlns:xs="http://www.w3.org/2001/XMLSchema"
xmlns:fn="http://www.w3.org/2005/xpath-functions">
<!-- XSL 循环处理指令 -->
<!-- FileName:ch05-7(XSL 循环处理指令).xsl -->
<!-- 定义根节点模板 -->
    <xsl:template match="/">
        <html>
            <head>
                <title>XSL 循环处理指令</title>
            </head>
            <body>
                <h2 align="center">循环处理指令的应用</h2>
                <xsl:for-each select="课程成绩/课程">
                    <table border="1" align="center" width="60%">
                        <tr>
                            <th>课程编号</th>
                            <td colspan="3"><xsl:value-of select="课程编号" /></td>
                        </tr>
                        <tr>
                            <th>课程名称</th>
                            <td colspan="3"><xsl:value-of select="课程名称" /></td>
                        </tr>
                        <tr>
                            <th>学号</th>
                            <th>姓名</th>
                            <th>成绩</th>
                            <th>等级</th>
                        </tr>
                        <xsl:for-each select="学生">
                        <tr align="center">
                            <td><xsl:value-of select="学号" /></td>
                            <td><xsl:value-of select="姓名" /></td>
                            <td><xsl:value-of select="成绩" /></td>
                            <td><xsl:value-of select="等级" /></td>
                        </tr>
                        </xsl:for-each>
                    </table>
                    <p></p>
                </xsl:for-each>
            </body>
        </html>
    </xsl:template>
</xsl:stylesheet>
```

3）把 XSL 文档链接到 XML 文档。

154

在 1) 中编写的 XML 文档中添加下面的处理指令, 把 XSL 文档链接到 XML 文档:

<?xml-stylesheet type="text/xsl" href="ch05-7(XSL 循环处理指令).xsl" ?>

添加上述处理指令后, XML 文档序文部分代码截图如图 5-20 所示。

图 5-20　XSL 链接代码

(3) 经 XSL 转换后的显示结果

【例 5-7】在浏览器中的显示结果如图 5-21 所示。在本例中, 首先对 "课程成绩" 元素下的 "课程" 元素进行循环处理, 在此循环中又对 "课程" 元素下的 "学生" 元素进行循环处理, 类似于编程语言中的嵌套循环。

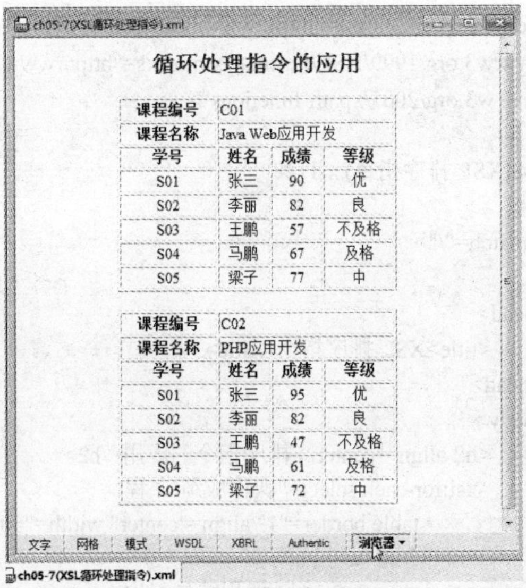

图 5-21　循环处理指令的应用

5.7.4　排序指令

XSL 排序指令可以对输出结果进行排序, 该指令标记总是位于<xsl:for-each>标记或<xsl:apply-templates>标记的内部, 其语法格式如下:

<xsl:sort select="元素节点" order="ascending|descending" />

说明:

① select 属性用来指定排序关键字, 即根据哪个节点排序。

② order 属性用来指定是降序排列还是升序排列。降序排列使用 descending 表示, 升序排列使用 ascending 表示, 默认升序排列。

【例 5-8】 排序指令的应用。

（1）学习目标

1）掌握 XSL 文档的创建。

2）掌握 XSL 转换 XML 文档的步骤。

3）掌握 XSL 模板的创建、模板的调用。

4）掌握 XSL 排序指令的应用。

（2）使用 XSL 转换 XML 文档

1）编写 XML 文档。

```xml
<?xml version="1.0" encoding="GB2312"?>
<!-- XSL 排序指令  -->
<!-- FileName:ch05-8(XSL 排序指令).xml -->
...（内容同【例 5-6】中的 XML 文档内容）
```

2）编写 XSL 文档。

```xml
<?xml version="1.0" encoding="GB2312"?>
<xsl:stylesheet version="2.0" xmlns:xsl="http://www.w3.org/1999/XSL/Transform"
xmlns:fo="http:// www.w3.org/1999/XSL/Format" xmlns:xs="http://www.w3.org/2001/XMLSchema"
xmlns:fn="http://www. w3.org/2005/xpath-functions">
<!-- XSL 排序指令  -->
<!-- FileName:ch05-8(XSL 排序指令).xsl -->
<!-- 定义根节点模板  -->
    <xsl:template match="/">
        <html>
            <head>
                <title>XSL 排序指令</title>
            </head>
            <body>
                <h2 align="center">排序指令的应用</h2>
                <xsl:for-each select="课程成绩/课程">
                    <table border="1" align="center" width="60%">
                        <tr>
                            <th>课程编号</th>
                            <td colspan="3"><xsl:value-of select="课程编号" /></td>
                        </tr>
                        <tr>
                            <th>课程名称</th>
                            <td colspan="3"><xsl:value-of select="课程名称" /></td>
                        </tr>
                        <tr>
                            <th>学号</th>
                            <th>姓名</th>
                            <th>成绩</th>
                            <th>等级</th>
                        </tr>
                        <xsl:for-each select="学生">
                            <!--降序(descending)显示成绩，默认升序排列(ascending)-->
```

```
                    <xsl:sort select="成绩" order="descending" />
                    <tr align="center">
                        <td><xsl:value-of select="学号" /></td>
                        <td><xsl:value-of select="姓名" /></td>
                        <td><xsl:value-of select="成绩" /></td>
                        <td><xsl:value-of select="等级" /></td>
                    </tr>
                </xsl:for-each>
            </table>
            <p></p>
        </xsl:for-each>
    </body>
</html>
        </xsl:template>
    </xsl:stylesheet>
```

3）把 XSL 文档链接到 XML 文档。

在 1）中编写的 XML 文档中添加下面的处理指令，把 XSL 文档链接到 XML 文档：

　　　　`<?xml-stylesheet type="text/xsl" href="ch05-8(XSL 排序指令).xsl" ?>`

添加上述处理指令后，XML 文档序文部分代码截图如图 5-22 所示。

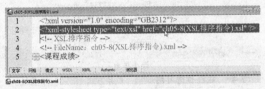

图 5-22　XSL 链接代码

（3）经 XSL 转换后的显示结果

【例 5-8】在浏览器中的显示结果如图 5-23 所示。从图中可以看到，文档数据是按照成绩降序排列显示在页面上。

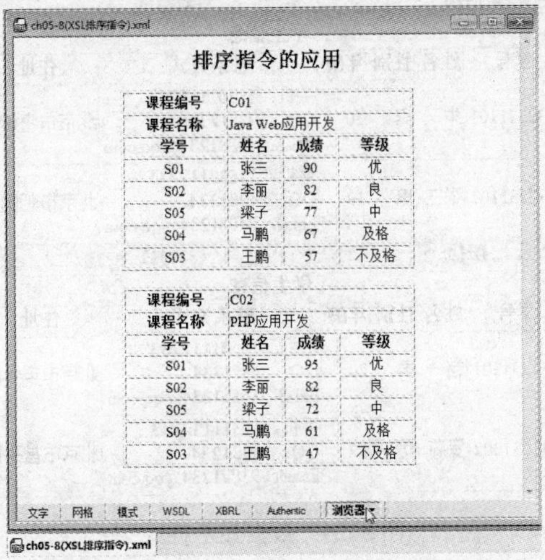

图 5-23　排序指令的应用

5.8 实训

1. 实训目标

1）掌握 XSL 转换 XML 文档的步骤。

2）掌握 XSL 文档的创建。

3）掌握 XSL 模板的定义、模板调用。

4）掌握 XSL 节点定位。

5）掌握 XSL 节点内容输出。

6）掌握常用的 XSL 控制指令应用。

2. 实训内容

使用 XSL 转换 XML 文档，经 XSL 转换后的 XML 文档数据的显示样式如图 5-24 所示。

XSL实训

校区	东区				

班级	1422311				

学生信息					
学号	姓名	性别	年龄	联系方式	住址
142231101	张一	男	20	手机：15501112233 QQ：66881234 Email：66881234@qq.com	北京市海淀区
142231102	李三	男	19	手机：13501112233 QQ：76881234 Email：76881234@qq.com	北京市朝阳区

班级	1422312				

学生信息					
学号	姓名	性别	年龄	联系方式	住址
142231201	李一	男	20	手机：15301112233 QQ：56881234 Email：56881234@qq.com	北京市丰台区
142231202	张莉	女	19	手机：13311112233 QQ：73821234 Email：73821234@qq.com	北京市昌平区

校区	南区				

班级	1322311				

学生信息					
学号	姓名	性别	年龄	联系方式	住址
132231101	朱一	男	20	手机：18501112233 QQ：69881234 Email：69881234@qq.com	北京市海淀区
132231102	张三	男	19	手机：13532112233 QQ：84081234 Email：84081234@qq.com	北京市朝阳区

班级	1322312				

学生信息					
学号	姓名	性别	年龄	联系方式	住址
132231201	赵一	男	20	手机：15601112233 QQ：86881234 Email：86881234@qq.com	北京市丰台区
132231202	罗莉	女	19	手机：18311112233 QQ：93821234 Email：93821234@qq.com	北京市昌平区

图 5-24　数据显示样式

3．实训步骤

1）编写 XML 文档。

```
<?xml version="1.0" encoding="GB2312"?>
<!-- XSL 实训  -->
<!-- FileName:ch05-9(XSL 实训-方法 1).xml -->
<学生列表>
    <校区   校区名="东区">
        <班级  班级名="1422311">
            <学生>
                <学号>142231101</学号>
                <姓名>张一</姓名>
                <性别>男</性别>
                <年龄>20</年龄>
                <联系方式  手机="15501112233" QQ="66881234" Email="66881234@qq.com" />
                <家庭住址>北京市海淀区</家庭住址>
            </学生>
            <学生>
                <学号>142231102</学号>
                <姓名>李三</姓名>
                <性别>男</性别>
                <年龄>19</年龄>
                <联系方式  手机="13501112233" QQ="76881234" Email="76881234@qq.com" />
                <家庭住址>北京市朝阳区</家庭住址>
            </学生>
        </班级>
        <班级  班级名="1422312" >
            <学生>
                <学号>142231201</学号>
                <姓名>李一</姓名>
                <性别>男</性别>
                <年龄>20</年龄>
                <联系方式  手机="15301112233" QQ="56881234" Email="56881234@qq.com" />
                <家庭住址>北京市丰台区</家庭住址>
            </学生>
            <学生>
                <学号>142231202</学号>
                <姓名>张莉</姓名>
                <性别>女</性别>
                <年龄>19</年龄>
                <联系方式  手机="13311112233" QQ="73821234" Email="73821234@qq.com" />
                <家庭住址>北京市昌平区</家庭住址>
            </学生>
        </班级>
    </校区>
    <校区   校区名="南区">
        <班级  班级名="1322311">
```

```
<学生>
    <学号>132231101</学号>
    <姓名>朱一</姓名>
    <性别>男</性别>
    <年龄>20</年龄>
    <联系方式 手机="18501112233" QQ="69881234" Email="69881234@qq.com" />
    <家庭住址>北京市海淀区</家庭住址>
</学生>
<学生>
    <学号>132231102</学号>
    <姓名>张三</姓名>
    <性别>男</性别>
    <年龄>19</年龄>
    <联系方式 手机="13532112233" QQ="84081234" Email="84081234@qq.com" />
    <家庭住址>北京市朝阳区</家庭住址>
</学生>
</班级>
<班级 班级名="1322312" >
    <学生>
        <学号>132231201</学号>
        <姓名>赵一</姓名>
        <性别>男</性别>
        <年龄>20</年龄>
        <联系方式 手机="15601112233" QQ="86881234" Email="86881234@qq.com" />
        <家庭住址>北京市丰台区</家庭住址>
    </学生>
    <学生>
        <学号>132231202</学号>
        <姓名>罗莉</姓名>
        <性别>女</性别>
        <年龄>19</年龄>
        <联系方式 手机="18311112233" QQ="93821234" Email="93821234@qq.com" />
        <家庭住址>北京市昌平区</家庭住址>
    </学生>
</班级>
</校区>
</学生列表>
```

2）编写 XSL 文档。

方法 1：利用多模板定义、模板间调用实现数据的显示输出。

```
<?xml version="1.0" encoding="GB2312"?>
<xsl:stylesheet version="2.0" xmlns:xsl="http://www.w3.org/1999/XSL/Transform"
xmlns:fo="http://www.w3.org/1999/XSL/Format" xmlns:xs="http://www.w3.org/2001/XMLSchema"
xmlns:fn="http://www.w3.org/2005/xpath-functions">
<!-- XSL 实训 -->
<!-- FileName:ch05-9(XSL 实训-方法 1).xsl -->
```

```xml
<!-- 定义根节点模板 -->
    <xsl:template match="/">
        <html>
            <head>
                <title>XSL 实训</title>
            </head>
            <body>
                <h2 align="center">XSL 实训</h2>
                <!--调用根元素学生列表模板-->
                <xsl:apply-templates select="学生列表"/>
            </body>
        </html>
    </xsl:template>
    <!--定义根元素学生列表模板-->
    <xsl:template match="学生列表">
        <!--调用校区模板-->
        <xsl:apply-templates select="校区"/>
    </xsl:template>
    <!--定义校区模板-->
    <xsl:template match="校区">
        <table align="center" border="1">
            <tr bgcolor="gold">
                <th colspan="3">校区</th>
                <th colspan="3"><xsl:value-of select="@校区名"/></th>
            </tr>
            <!--调用班级模板-->
            <xsl:apply-templates select="班级"/>
        </table>
        <p></p>
    </xsl:template>
    <!--定义班级模板-->
    <xsl:template match="班级">
        <tr bgcolor="pink">
            <th colspan="3">班级</th>
            <th colspan="3"><xsl:value-of select="@班级名"/></th>
        </tr>
        <tr>
            <th colspan="6">学生信息</th>
        </tr>
        <tr>
            <th>学号</th>
            <th>姓名</th>
            <th>性别</th>
            <th>年龄</th>
            <th>联系方式</th>
            <th>住址</th>
```

```
                </tr>
                <!--调用学生模板-->
                <xsl:apply-templates select="学生"/>
        </xsl:template>
        <!--定义学生模板-->
        <xsl:template match="学生">
                <tr>
                        <td><xsl:value-of select="学号"/></td>
                        <td><xsl:value-of select="姓名"/></td>
                        <td><xsl:value-of select="性别"/></td>
                        <td><xsl:value-of select="年龄"/></td>
                        <td>
                                手机：<xsl:value-of select="联系方式/@手机"/><br/>
                                QQ：<xsl:value-of select="联系方式/@QQ"/><br/>
                                Email：<xsl:value-of select="联系方式/@Email"/><br/>
                        </td>
                        <td><xsl:value-of select="家庭住址"/></td>
                </tr>
        </xsl:template>
</xsl:stylesheet>
```

方法 2：利用 XSL 循环处理指令，实现数据的显示输出。

```
<?xml version="1.0" encoding="GB2312"?>
<xsl:stylesheet version="2.0" xmlns:xsl="http://www.w3.org/1999/XSL/Transform"
xmlns:fo="http://www.w3.org/1999/XSL/Format" xmlns:xs="http://www.w3.org/2001/XMLSchema"
xmlns:fn="http://www.w3.org/2005/xpath-functions">
<!-- XSL 实训 -->
<!-- FileName:ch05-9(XSL 实训-方法 2).xsl -->
<!-- 定义根节点模板 -->
    <xsl:template match="/">
        <html>
            <head>
                <title>XSL 实训</title>
            </head>
            <body>
                <h2 align="center">XSL 实训</h2>
                <!--校区循环-->
                <xsl:for-each select="学生列表/校区">
                    <table border="1" align="center" >
                        <tr bgcolor="gold">
                            <th colspan="3">校区</th>
                            <th colspan="3"><xsl:value-of select="@校区名"/></th>
                        </tr>
                        <!--班级循环-->
                        <xsl:for-each select="班级">
                            <tr bgcolor="pink">
```

```
                                        <th colspan="3">班级</th>
                                        <th colspan="3"><xsl:value-of select="@班级名"/></th>
                            </tr>
                            <tr>
                                        <th>学号</th>
                                        <th>姓名</th>
                                        <th>性别</th>
                                        <th>年龄</th>
                                        <th>联系方式</th>
                                        <th>住址</th>
                            </tr>
                            <!--学生循环-->
                            <xsl:for-each select="学生">
                                <tr>
                                        <td><xsl:value-of select="学号"/></td>
                                        <td><xsl:value-of select="姓名"/></td>
                                        <td><xsl:value-of select="性别"/></td>
                                        <td><xsl:value-of select="年龄"/></td>
                                        <td>
                                                手机：
                                                <xsl:value-of select="联系方式/@手机"/> <br/>
                                                QQ：
                                                <xsl:value-of select="联系方式/@QQ"/> <br/>
                                                Email：
                                                <xsl:value-of select="联系方式/@Email"/> <br/>
                                        </td>
                                        <td><xsl:value-of select="家庭住址"/></td>
                                </tr>
                            </xsl:for-each>
                        </xsl:for-each>
                    </table>
                    <p> </p>
                </xsl:for-each>
            </body>
        </html>
    </xsl:template>
</xsl:stylesheet>
```

3）连接 XSL 样式表到 XML 文档。

无论是使用方法 1 中的 XSL 文档还是方法 2 中的 XSL 文档，其链接到 XML 文档中的方法都是相同的，此处以链接方法 1 中的 XSL 文档为例，链接代码如下：

```
<?xml-stylesheet type="text/xsl" href="ch05-9(XSL 实训-方法 1).xsl" ?>
```

添加 XSL 链接代码后的 XML 文档序文部分代码截图如图 5-25 所示。

4）显示结果

使用方法 1 与方法 2 的显示结果是相同的，均与图 5-24 所示的效果一致。

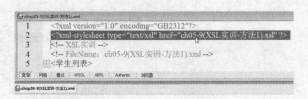

图 5-25　代码截图

5.9　习题

1．简述使用 XSL 转换 XML 文档的步骤。

2．在 XSL 文档中如何定义模板？如何调用模板？

3．在 XSL 中如何实现元素节点的定位？

4．应用 XSL 如何输出元素节点内容和属性节点内容？

5．常用的 XSL 控制指令有哪些？

6．为下面的 XML 文档编写 XSL 文件，实现如图 5-26 所示的数据输出样式。

学生信息

系别	学号	姓名（曾用名）	性别	入学成绩
软件工程系	Stu05	非凡（非常）	女	381
软件工程系	Stu01	杜将（无）	男	315
软件工程系	Stu03	马颖（马英）	女	311
软件工程系	Stu04	刘旭（无）	男	302
软件工程系	Stu02	吴芳（吴元芳）	女	200

图 5-26　习题 6 输出效果图

XML 文档代码如下：

```
<?xml version="1.0" encoding="gb2312" ?>
<学生信息>
    <学生 department="软件工程系">
        <学号>Stu01</学号>
        <姓名 曾用名="无">杜将</姓名>
        <性别>男</性别>
        <入学成绩>315</入学成绩>
    </学生>
    <学生 department="软件工程系">
        <学号>Stu02</学号>
        <姓名 曾用名="吴元芳">吴芳</姓名>
```

```
            <性别>女</性别>
            <入学成绩>200</入学成绩>
        </学生>
        <学生 department="软件工程系">
            <学号>Stu03</学号>
            <姓名 曾用名="马英">马颖</姓名>
            <性别>女</性别>
            <入学成绩>311</入学成绩>
        </学生>
        <学生 department="软件工程系">
            <学号>Stu04</学号>
            <姓名 曾用名="无">刘旭</姓名>
            <性别>男</性别>
            <入学成绩>302</入学成绩>
        </学生>
        <学生 department="软件工程系">
            <学号>Stu05</学号>
            <姓名 曾用名="非常">非凡</姓名>
            <性别>女</性别>
            <入学成绩>381</入学成绩>
        </学生>
    </学生信息>
```

7. 为下面的 XML 文档编写 XSL 文件，实现如图 5-27 所示的数据输出样式。

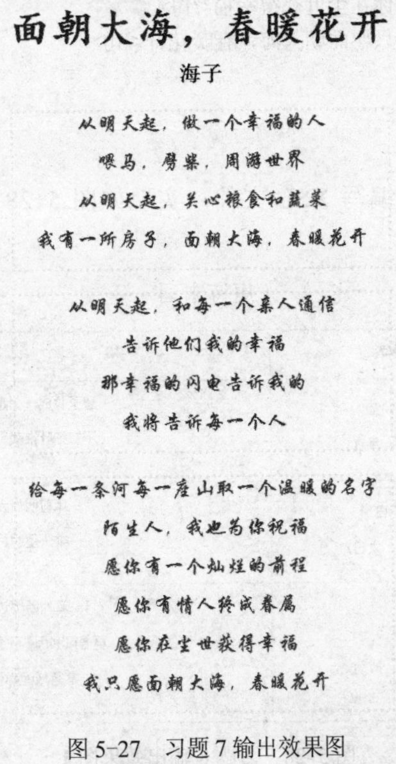

面朝大海，春暖花开

海子

从明天起，做一个幸福的人

喂马，劈柴，周游世界

从明天起，关心粮食和蔬菜

我有一所房子，面朝大海，春暖花开

从明天起，和每一个亲人通信

告诉他们我的幸福

那幸福的闪电告诉我的

我将告诉每一个人

给每一条河每一座山取一个温暖的名字

陌生人，我也为你祝福

愿你有一个灿烂的前程

愿你有情人终成眷属

愿你在尘世获得幸福

我只愿面朝大海，春暖花开

图 5-27　习题 7 输出效果图

XML 文档代码如下：

```xml
<?xml version="1.0" encoding="gb2312" ?>
<诗歌>
    <标题>面朝大海，春暖花开</标题>
    <作者>海子</作者>
    <内容>
        <节>
            <句>从明天起，做一个幸福的人</句>
            <句>喂马，劈柴，周游世界</句>
            <句>从明天起，关心粮食和蔬菜</句>
            <句>我有一所房子，面朝大海，春暖花开</句>
        </节>
        <节>
            <句>从明天起，和每一个亲人通信</句>
            <句>告诉他们我的幸福</句>
            <句>那幸福的闪电告诉我的</句>
            <句>我将告诉每一个人</句>
        </节>
        <节>
            <句>给每一条河每一座山取一个温暖的名字</句>
            <句>陌生人，我也为你祝福</句>
            <句>愿你有一个灿烂的前程</句>
            <句>愿你有情人终成眷属</句>
            <句>愿你在尘世获得幸福</句>
            <句>我只愿面朝大海，春暖花开</句>
        </节>
    </内容>
</诗歌>
```

8. 为下面的 XML 文档编写 XSL 文件，实现如图 5-28 和图 5-29 所示的数据输出样式。

唐诗宋词

标题	作者	诗文
回乡偶书	贺知章 (字号：季真)	碧玉妆成一树高，万条垂下绿丝绦。 不知细叶谁裁出，二月春风似剪刀。
静夜思	李白 (字号：太白)	床前明月光，疑是地上霜。 举头望明月，低头思故乡。
卜算子·咏梅	陆游 (字号：放翁)	驿外断桥边，寂寞开无主。 更著风和雨。无意苦争春，一任群芳妒。 零落成泥碾作尘，只有香如故。

图 5-28　习题 8 输出效果图 1

唐诗宋词

回乡偶书

作者：贺知章（字号：季真）

碧玉妆成一树高，万条垂下绿丝绦。

不知细叶谁裁出，二月春风似剪刀。

静夜思

作者：李白（字号：太白）

床前明月光，疑是地上霜。

举头望明月，低头思故乡。

卜算子.咏梅

作者：陆游（字号：放翁）

驿外断桥边，寂寞开无主。

更著风和雨。无意苦争春，一任群芳妒。

零落成泥碾作尘，只有香如故。

图 5-29　习题 8 输出效果图 2

XML 文档代码如下：

```xml
<?xml version="1.0" encoding="gb2312" ?>
<唐诗宋词>
    <info>
        <content> 唐诗宋词</content>
    </info>
    <诗词>
        <作者 字号="季真">贺知章</作者>
        <标题>回乡偶书</标题>
        <内容>
            <节>碧玉妆成一树高，万条垂下绿丝绦。</节>
            <节>不知细叶谁裁出，二月春风似剪刀。</节>
        </内容>
    </诗词>
    <诗词>
        <作者 字号="太白">李白</作者>
        <标题>静夜思</标题>
        <内容>
            <节>床前明月光，疑是地上霜。</节>
            <节>举头望明月，低头思故乡。</节>
        </内容>
    </诗词>
    <诗词>
```

```
<作者 字号="放翁">陆游</作者>
<标题>卜算子.咏梅</标题>
<内容>
        <节>驿外断桥边，寂寞开无主。</节>
        <节>更著风和雨。无意苦争春,一任群芳妒。</节>
        <节>零落成泥碾作尘,只有香如故。</节>
</内容>
    </诗词>
</唐诗宋词>
```

第6章 数　据　岛

数据岛是指嵌入到 HTML 页面中的 XML 数据，应用数据岛可以在 HTML 页面中集成 XML，访问 XML 文档数据。本章主要介绍数据岛的基本概念、XML 文档及元素的绑定、DSO 技术的应用等内容。

6.1　数据岛概述

应用 XML 文档的优点主要在于 XML 数据描述与显示格式分离，但在很多情况下，用户需要方便地查看 XML 文档数据。虽然层叠样式表 CSS、可扩展样式表语言 XSL 技术可以方便地实现 XML 文档数据的格式化输出，但是这两种样式表技术在显示手段和方式上远不如超文本标记语言 HTML 方便和丰富。而数据岛则是借助于 HTML 网页技术来显示 XML 文档数据，这样既能体现 XML 文档数据与显示格式的分离，又能充分利用 HTML 丰富的显示格式显示 XML 文档数据。

所谓数据岛，是指嵌入到 HTML 文档中的 XML 数据，其中 XML 数据可以是一个结构完整的 XML 文档，也可以是一段 XML 数据。为了能够处理这种内部嵌入 XML 数据的 HTML 文档，IE4.0 及更高版本引入了 DSO（Data Source Objects，数据源对象）技术。

XML DSO 是一个嵌入到 IE 浏览器中的 Microsoft ActiveX 控件，应用 DSO 技术既可以从外部 XML 文档提取数据，也可以从嵌入到 HTML 文档的 XML 数据中提取数据，然后应用 HTML 丰富的显示格式，给用户提供多样化的数据显示方式。

虽然应用 DSO 技术可以使 XML 文档数据拥有丰富的显示格式，但是 DSO 技术也存在一定的局限性，这主要是因为 DSO 技术是微软公司的专有技术，目前只有 IE 浏览器支持 DSO 技术，在其他浏览器中可能会造成脚本错误而无法正确显示数据。

6.2　XML 文档的绑定

应用 DSO 技术显示 XML 文档数据时，首先需要把 XML 文档绑定到 HTML 文档，根据数据岛存在形式（内部数据岛、外部数据岛）的不同，其绑定到 HTML 文档中的方式也不同。

1．内部数据岛
内部数据岛是指把 XML 文档的全部内容直接嵌入到 HTML 文档中，其语法形式如下：

```
<xml id="数据岛标识符">
    <?xml version="1.0" encoding="UTF-8"?>
    …( XML 文档内容)
</xml>
```

说明：

① 内部数据岛是把一个结构完整的 XML 文档内容直接嵌入到一对"<xml>…</xml>"标记中。

② 开始标记"<xml>"中的 id 属性值是数据岛的唯一标识符，用来唯一地标识一个 XML 数据岛。

2．外部数据岛

外部数据岛是指把外部的一个结构完整的 XML 文档直接绑定到 HTML 文档，其语法格式如下：

<xml id="数据岛标识符" src="外部 XML 文档" ></xml>

说明：

① id 属性值是 XML 数据岛的唯一标识符，用来唯一地标识一个 XML 数据岛。

② src 属性值表示要绑定的外部 XML 文档，文档路径可以使用绝对路径，也可以使用相对路径。若使用相对路径，必须把 XML 文档和 HTML 文档存放到同一目录下。

6.3 XML 元素的绑定

把 XML 文档绑定到 HTML 文档后，就可以把 XML 文档中的元素绑定到特定的 HTML 标记（并非所有的 HTML 标记都允许绑定 XML 元素，而且不同的 HTML 标记绑定方式也不同）。根据 XML 文档元素的结构，通常把 XML 元素的绑定分为单一记录绑定和多记录绑定。

6.3.1 单一记录绑定

满足如下结构的 XML 文档称为单一记录 XML 文档。

```
<?xml version="1.0" encoding="gb2312"?>
<!-- FileName: 单一记录绑定.xml -->
<单一记录>
        <字段 1>数据源对象</字段 1>
        <字段 2>DSO 技术 </字段 2>
        <字段 3>单一记录绑定</字段 3>
</单一记录>
```

单一记录 XML 文档中的元素可以绑定到 HTML 中的 span、div、label 等标记中，这种绑定方法每次只能显示一条数据。

以 span 标记为例，单一记录的绑定格式如下：

<span datasrc="#数据岛标识符" datafld="XML 元素"></span>

说明：

① datasrc 属性用来指明数据岛，该属性值中的符号"#"不能省略，"数据岛标识符"是在"<xml>…</xml>"中绑定 XML 文档时的 id 属性值。

② datafld 属性表示要绑定的 XML 元素。

以上述 XML 文档为例，应用 DSO 输出元素"字段 1"、"字段 2"、"字段 3"的元素内容，对应的代码片段如下：

```
<xml id="oneRec"   src="单一记录绑定.xml"></xml>
<p>"字段 1"的元素内容：<span datasrc="#oneRec" datafld="字段 1"></span></p>
<p>"字段 2"的元素内容：<span datasrc="#oneRec" datafld="字段 2"></span></p>
<p>"字段 3"的元素内容：<span datasrc="#oneRec" datafld="字段 3"></span></p>
```

【例 6-1】 DSO 入门-单一记录绑定。

（1）学习目标

1）理解 DSO 的含义。

2）理解 XML 数据岛的两种形式。

3）理解 XML 文档绑定到 HTML 的方法。

4）理解 XML 单一记录绑定的方法。

（2）使用 DSO 显示 XML 文档

在本例中，XML 数据分别以内部数据岛和外部数据岛的形式嵌入到 HTML 中。

方法 1：XML 数据以内部数据岛的形式嵌入到 HTML 中。

该方法对应的 HTML 代码如下：

```
<!-- DSO 入门-内部数据岛 -->
<!-- FileName:ch06-1(DSO 入门-单一记录绑定-内部数据岛).html -->
<html>
    <head>
        <title>DSO 入门-内部数据岛</title>
    </head>
    <body>
        <xml id="firstDSO">
            <!-- XML 文档内容直接嵌入到 XML 标记内 -->
            <?xml version="1.0" encoding="gb2312"?>
            <DSO 入门>
                <含义>数据源对象</含义>
                <作用>显示 XML 文档数据</作用>
                <用法>绑定 XML 到 HTML</用法>
            </DSO 入门>
        </xml>
        <h1>DSO 入门-内部数据岛</h1>
        <p>DSO 含义：<span datasrc="#firstDSO" datafld="含义"></span></p>
        <p>DSO 作用：<span datasrc="#firstDSO" datafld="作用"></span></p>
        <p>DSO 用法：<span datasrc="#firstDSO" datafld="用法"></span></p>
    </body>
</html>
```

方法 2：XML 数据以外部数据岛的形式嵌入到 HTML 中。

该方法对应的 HTML 代码如下：

1）编写 XML 文档。

```
<?xml version="1.0" encoding="GB2312"?>
<!-- DSO 入门-外部数据岛 -->
<!-- FileName:ch06-1(DSO 入门-单一记录绑定-外部数据岛).xml -->
<DSO 入门>
    <含义>数据源对象</含义>
    <作用>显示 XML 文档数据</作用>
    <用法>绑定 XML 到 HTML</用法>
</DSO 入门>
```

2）编写 HTML 文档。

```
<!-- DSO 入门应用 -->
<!-- FileName:ch06-1(DSO 入门-单一记录绑定-外部数据岛).html-->
<html>
    <head>
        <title>DSO 入门-外部数据岛</title>
    </head>
    <body>
        <xml id="firstDSO" src="ch06-1(DSO 入门-单一记录绑定-外部数据岛).xml "></xml>
        <h1>DSO 入门-外部数据岛</h1>
        <p>DSO 含义：<span datasrc="#firstDSO" datafld="含义"></span></p>
        <p>DSO 作用：<span datasrc="#firstDSO" datafld="作用"></span></p>
        <p>DSO 用法：<span datasrc="#firstDSO" datafld="用法"></span></p>
    </body>
</html>
```

（3）应用 DSO 的显示结果

【例 6-1】方法 1、方法 2 在浏览器中的显示结果分别如图 6-1 和图 6-2 所示。

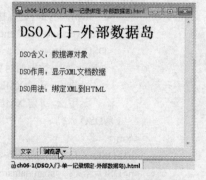

图 6-1　DSO 入门-内部数据岛 　　　　　　图 6-2　DSO 入门-外部数据岛

6.3.2　多记录绑定

根据 XML 文档元素的结构，多记录的绑定通常使用以下两种方式。

1. 结构简单的多记录绑定

满足如下结构的 XML 文档称为结构简单的多记录 XML 文档。

```
<?xml version="1.0" encoding="gb2312"?>
```

```
<!-- FileName: 结构简单的多记录绑定.xml -->
<根元素>
    <多记录>
        <字段 1>数据源对象</字段 1>
        <字段 2>DSO 技术</字段 2>
        <字段 3>多记录绑定</字段 3>
    </多记录>
    <多记录>
        <字段 1>Data Source Object</字段 1>
        <字段 2>DSO 技术应用</字段 2>
        <字段 3>多记录绑定的应用</字段 3>
    </多记录>
</根元素>
```

在上述 XML 文档中，每个"多记录"元素下都包含 3 个名称相同的"字段 1""字段 2""字段 3"元素。

以 table 标记为例，结构简单的多记录绑定格式如下：

```
<table datasrc="#数据岛标识符">
    <tr>
        …
        <td>
            <span datafld="XML 元素"></span>
        </td>
        …
    </tr>
</ table >
```

说明：

① datasrc 属性值中的"数据岛标识符"是"<xml>…</xml>"中的 id 属性值，其前的符号"#"不能省略。

② 因为 td 标记不能直接与 XML 元素绑定，所以在每对 td 标记中都包含了一对"<span datafld="XML 元素"></span>"标记，该 span 标记中绑定的 XML 元素内容作为单元格内容显示在表格中。

以上述结构简单的多记录 XML 文档为例，应用 DSO 输出元素"字段 1""字段 2""字段 3"的元素内容，对应的代码片段如下：

```
<xml id="mulRec1" src="结构简单的多记录绑定.xml"></xml>
<table datasrc="#mulRec1" border="1">
    <tr>
        <td><span datafld="字段 1"></span></td>
        <td><span datafld="字段 2"></span></td>
        <td><span datafld="字段 3"></span></td>
    </tr>
</ table >
```

【例 6-2】 结构简单的多记录绑定。

（1）学习目标

1）理解 DSO 的含义。

2）理解 XML 数据岛的两种形式。

3）理解 XML 文档绑定到 HTML 的方法。

4）理解 XML 多记录绑定的方法。

（2）使用 DSO 显示 XML 文档

1）编写 XML 文档。

```xml
<?xml version="1.0" encoding="GB2312"?>
<!-- DSO 入门-多记录绑定 -->
<!—FileName:ch06-2(DSO 入门-多记录绑定).xml -->
<学生列表>
    <学生>
        <班级>0952311</班级>
        <学号>01</学号>
        <姓名>张三</姓名>
        <性别>男</性别>
    </学生>
    <学生>
        <班级>0952311</班级>
        <学号>02</学号>
        <姓名>李丽</姓名>
        <性别>女</性别>
    </学生>
</学生列表>
```

2）编写 HTML 文档。

```html
<!-- DSO 入门-多记录绑定 -->
<!—FileName:ch06-2(DSO 入门-多记录绑定).html-->
<html>
    <head>
        <title>DSO 入门-多记录绑定</title>
    </head>
    <body>
        <xml id="secondDSO" src="ch06-2(DSO 入门-多记录绑定).xml"></xml>
        <h1 align="center">DSO 入门-多记录绑定</h1>
        <table   datasrc="#secondDSO" border="1" align="center" width="50%">
            <!-- 使用 thead 标记输出表头信息-->
            <thead>
                <tr>
                    <th>班级</th>
                    <th>学号</th>
                    <th>姓名</th>
                    <th>性别</th>
                </tr>
```

```
        </thead>
        <tr align="center">
            <td><span datafld="班级"></span></td>
            <td><span datafld="学号"></span></td>
            <td><span datafld="姓名"></span></td>
            <td><span datafld="性别"></span></td>
        </tr>
    </table>
</body>
</html>
```

在上面的 HTML 代码中，thead 标记用来定义表格的表头信息。此处如果不使用 thead 标记，而是直接使用 tr 标记，将会出现如图 6-3 所示的效果。

（3）应用 DSO 的显示结果

【例 6-2】在浏览器中的显示结果如图 6-4 所示。

图 6-3　多表头信息显示

图 6-4　简单表格显示多记录

2．结构复杂的多记录绑定

如果 XML 文档的结构比较复杂，如下面所示的 XML 文档：

```
<?xml version="1.0" encoding="gb2312"?>
<!-- FileName：结构复杂的多记录绑定.xml -->
<根元素>
    <多记录>
        <字段 1>0952311</字段 1>
        <字段 2>
            <字段 21>095231101</字段 21>
            <字段 22>杨丽</字段 22>
        </字段 2>
        <字段 2>
            <字段 21>095231102</字段 21>
            <字段 22>张前</字段 22>
        </字段 2>
    </多记录>
    <多记录>
        <字段 1>1052311</字段 1>
        <字段 2>
```

```
            <字段 21>105231101</字段 21>
            <字段 22>赵力</字段 22>
        </字段 2>
        <字段 2>
            <字段 21>105231102</字段 21>
            <字段 22>李琦</字段 22>
        </字段 2>
    </多记录>
</根元素>
```

在上述 XML 文档中，每个"多记录"元素除了都包含"字段 1""字段 2"元素，在每个"字段 2"元素下还包含"字段 21"、"字段 22"元素。如果要显示输出"字段 21""字段 22"的元素内容，结构简单的多记录绑定方法已经不能满足要求，这时需要用到第 2 种多记录绑定方法，其绑定格式如下。

```
<table datasrc="#数据岛标识符">
    <tr>
        ...
        <td>
            <span datafld="XML 元素"></span>
        </td>
        ...
        <td>
            <table datasrc="#数据岛标识符" datafld="XML 元素">
                <tr>
                    ...
                    <td>
                        <span datafld="XML 元素"></span>
                    </td>
                    ...
                </tr>
            </ table >
        </td>
    </tr>
</ table >
```

以上述结构复杂的多记录 XML 文档为例，应用 DSO 输出"字段 1""字段 21""字段 22"的元素内容，对应的代码片段如下：

```
<xml id="mulRec2" src="结构复杂的多记录绑定.xml"></xml>
<table datasrc="#mulRec2" border="1">
    <tr>
        <td><span datafld="字段 1"></span></td>
    </tr>
    <tr>
        <td>
```

176

```
        <table datasrc="#mulRec2" datafld="字段 2">
            <tr>
                <td><span datafld="字段 21"></span></td>
                <td><span datafld="字段 22"></span></td>
            </tr>
        </ table >
    </td>
</tr>
</table >
```

【例6-3】 结构复杂的多记录绑定。

（1）学习目标

1）理解 DSO 的含义。

2）掌握 XML 文档绑定到 HTML 的方法。

3）掌握 XML 元素绑定到 HTML 元素的方法。

4）掌握使用 DSO 把多记录数据显示到嵌套表格的方法。

（2）使用 DSO 显示 XML 文档

1）编写 XML 文档。

```
<?xml version="1.0" encoding="GB2312"?>
<!-- 使用 DSO 显示多记录-嵌套表格-->
<!-- FileName:ch06-3(使用 DSO 显示多记录-嵌套表格).xml -->
<学生列表>
    <班级>
        <班级名>0952311</班级名>
        <学生>
            <学号>095231101</学号>
            <姓名>杨丽</姓名>
            <性别>女</性别>
            <联系方式>15201112233</联系方式>
        </学生>
        <学生>
            <学号>095231102</学号>
            <姓名>张前</姓名>
            <性别>男</性别>
            <联系方式>13501112233</联系方式>
        </学生>
    </班级>
    <班级>
        <班级名>1052311</班级名>
        <学生>
            <学号>105231101</学号>
            <姓名>赵力</姓名>
            <性别>男</性别>
            <联系方式>13301112233</联系方式>
```

```
        </学生>
        <学生>
            <学号>105231102</学号>
            <姓名>李琦</姓名>
            <性别>男</性别>
            <联系方式>15501112233</联系方式>
        </学生>
    </班级>
</学生列表>
```

2）编写 HTML 文档。

```
<!-- 使用 DSO 显示多记录-嵌套表格 -->
<!-- FileName:ch06-3(使用 DSO 显示多记录-嵌套表格).html-->
<html>
    <head>
        <title>嵌套表格显示多记录</title>
    </head>
    <body>
        <xml id="threeDSO" src="ch06-3(使用 DSO 显示多记录-嵌套表格).xml"></xml>
        <h1 align="center">嵌套表格显示多记录</h1>
        <table datasrc="#threeDSO"    border="1" width="60%" align="center">
            <tr>
                <th>班级</th>
                <td><span datafld="班级名"></span></td>
            </tr>
            <tr>
                <td colspan="2">
                    <table datasrc="#threeDSO" datafld="学生" align="center" width="100%">
                        <thead>
                            <tr>
                                <th>学号</th>
                                <th>姓名</th>
                                <th>性别</th>
                                <th>联系方式</th>
                            </tr>
                        </thead>
                        <tr align="center">
                            <td><span datafld="学号"></span></td>
                            <td><span datafld="姓名"></span></td>
                            <td><span datafld="性别"></span></td>
                            <td><span datafld="联系方式"></span></td>
                        </tr>
                    </table>
```

```
                    </td>
                </tr>
            </table>
        </body>
    </html>
```

在上面的 HTML 文档中，外层表格有两行，第 1 行用来显示班级信息，第 2 行的单元格内容是一个嵌套表格，用来显示该班级的学生信息。IE 浏览器会为每一个顶层记录"班级"重复输出该班级的学生信息，从而以嵌套表格的形式按照班级显示学生信息。在嵌套的学生信息表格中，使用表头标记 thead 避免重复输出表头信息。

（3）应用 DSO 的显示结果

【例 6-3】在浏览器中的显示结果如图 6-5 所示。

图 6-5　嵌套表格显示多记录

6.4　使用分页表格显示 XML 数据

应用 DSO 技术显示 XML 文档数据时，如果页面显示的数据较多，可以使用分页表格分页显示。分页表格中每页显示的数据个数，由 table 标记的 datapagesize 属性决定，同时为了唯一地标识这个表格，还需要设置 table 标记的 id 属性。

例如，下面的 table 标记分别设置了 id 属性、datapagesize 属性，还绑定了名称为"dsoDemo"的数据源。

```
<table id="pageTable" datasrc="#dsoDemo" datapagesize="2" border="1" align="center">
```

为了在分页表格的多个分页间切换浏览数据，DSO 还提供了用于控制分页显示的方法。

（1）firstPage()方法

该方法用于显示第一页数据。

（2）previousPage()方法

该方法用于显示前一页数据。若当前显示页已经是第一页，则停留在当前页。

（3）nextPage()方法

该方法用于显示下一页数据。若当前显示页已经是最后一页，则停留在当前页。

（4）lastPage()方法

该方法用于显示最后一页数据。

以上 4 个方法在实际运用时，通常配合按钮 button 标记的 onclick 属性使用。例如下面的代码表示当按下按钮时，调用 onclick 属性指定的 pageTable.firstPage()方法，其中 pageTable 是在 table 标记中设置的 id 属性值。

```
<button onclick="pageTable.firstPage()">第一页</button>
```

【例 6-4】 分页表格显示多记录。

（1）学习目标

1）理解 DSO 的含义。

2）掌握 XML 文档绑定到 HTML 的方法。

3）掌握 XML 元素绑定到 HTML 元素的方法。

4）掌握使用 DSO 把多记录数据以分页表格方式显示的方法。

（2）使用 DSO 显示 XML 文档

1）编写 XML 文档。

```
<?xml version="1.0" encoding="GB2312"?>
<!-- 使用 DSO 显示多记录-分页表格-->
<!-- FileName:ch06-4(使用 DSO 显示多记录-分页表格).xml -->
<通信录>
    <好友>
        <姓名>李一</姓名>
        <性别>男</性别>
        <手机>13300112233</手机>
        <QQ>85091234</QQ>
        <Email>85091234@qq.com</Email>
    </好友>
    <好友>
        <姓名>张天</姓名>
        <性别>男</性别>
        <手机>15301112233</手机>
        <QQ>24311234</QQ>
        <Email>24311234@qq.com</Email>
    </好友>
    <好友>
        <姓名>赵楠</姓名>
        <性别>男</性别>
        <手机>18301112233</手机>
```

```
                <QQ>85091234</QQ>
                <Email>85091234@qq.com</Email>
        </好友>
    </通信录>
```

2）编写 HTML 文档。

```
<!-- 使用 DSO 显示多记录-分页表格 -->
<!-- FileName:ch06-4(使用 DSO 显示多记录-分页表格).html-->
<html>
    <head>
        <title>分页表格显示多记录</title>
    </head>
    <body>
        <xml id="fourDSO" src="ch06-4(使用 DSO 显示多记录-分页表格).xml"></xml>
        <h1 align="center">分页表格显示多记录</h1>
        <table id="pageTable" datasrc="#fourDSO" datapagesize="2" border="1" align="center">
            <thead>
                <tr>
                    <th>姓名</th>
                    <th>性别</th>
                    <th>手机</th>
                    <th>QQ</th>
                    <th>Email</th>
                </tr>
            </thead>
            <tr align="center">
                <td><span datafld="姓名"></span></td>
                <td><span datafld="性别"></span></td>
                <td><span datafld="手机"></span></td>
                <td><span datafld="QQ"></span></td>
                <td><span datafld="Email"></span></td>
            </tr>
        </table>
        <p></p>
        <div align="center">
            <button onclick="pageTable.firstPage()">第一页</button>  
            <button onclick="pageTable.nextPage()">下一页</button>  
            <button onclick="pageTable.previousPage()">上一页</button>  
            <button onclick="pageTable.lastPage()">最后一页</button>
        </div>
    </body>
</html>
```

（3）应用 DSO 的显示结果

【例 6-4】在浏览器中的显示结果如图 6-6 所示。

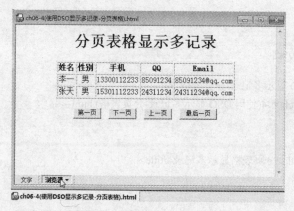

图 6-6　分页表格显示多记录

6.5　XML 元素属性的显示

元素属性是 XML 元素的额外补充信息，应用 DSO 技术不仅可以显示 XML 元素的数据内容，还可以显示 XML 元素的属性内容。根据 XML 文档结构的层次，可以把 XML 元素属性分为记录属性和字段属性。

6.5.1　记录属性的显示

在下面所示的 XML 文档中，元素"多记录"的属性"记录属性"可以看作是记录属性：

```
<?xml version="1.0" encoding="gb2312"?>
<!-- FileName:记录属性的显示.xml-->
<根元素>
    <多记录  记录属性="recAttrValue1">
        <字段 1>数据源对象</字段 1>
        <字段 2>DSO</字段 2>
    </多记录>
    <多记录  记录属性="recAttrValue2">
        <字段 1>记录属性的显示</字段 1>
        <字段 2>把记录属性当作一个特定的字段处理</字段 2>
    </多记录>
</根元素>
```

应用 DSO 显示记录属性值时，DSO 会把记录属性当作一个字段。例如，以上述 XML 文档为例，应用 DSO 输出属性"记录属性"的属性值、元素"字段 1"与"字段 2"的元素内容，对应的代码片段如下：

```
<xml id="recAttr" src="记录属性的显示.xml"></xml>
<table datasrc="#recAttr" border="1">
```

```
<thead>
<tr>
    <th>记录属性值</th>
    <th>字段 1</th>
    <th>字段 2</th>
</tr>
</thead>
<tr>
    <td><span datafld="记录属性"></span></td>
    <td><span datafld="字段 1"></span></td>
    <td><span datafld="字段 2"></span></td>
</tr>
</table>
```

【例 6-5】 记录属性的显示。

（1）学习目标

1）理解 DSO 的含义。

2）掌握 XML 文档绑定到 HTML 的方法。

3）掌握 XML 元素绑定到 HTML 元素的方法。

4）掌握使用 DSO 显示记录属性的方法。

（2）使用 DSO 显示 XML 文档

1）编写 XML 文档。

```
<?xml version="1.0" encoding="GB2312"?>
<!-- 使用 DSO 显示记录属性-->
<!-- FileName:ch06-5(使用 DSO 显示记录属性).xml -->
<学生列表>
    <学生 班级="0952311">
        <学号>095231101</学号>
        <姓名>杨丽</姓名>
        <性别>女</性别>
        <联系方式>15201112233</联系方式>
    </学生>
    <学生 班级="0952311">
        <学号>095231102</学号>
        <姓名>张前</姓名>
        <性别>男</性别>
        <联系方式>13501112233</联系方式>
    </学生>
    <学生 班级="105231101">
        <学号>105231101</学号>
        <姓名>赵力</姓名>
        <性别>男</性别>
        <联系方式>13301112233</联系方式>
    </学生>
    <学生 班级="105231101">
```

```
            <学号>105231102</学号>
            <姓名>李琦</姓名>
            <性别>男</性别>
            <联系方式>15501112233</联系方式>
        </学生>
    </学生列表>
```

2）编写 HTML 文档。

```
    <!-- 使用 DSO 显示记录属性 -->
    <!-- FileName:ch06-5(使用 DSO 显示记录属性).html-->
    <html>
        <head>
            <title>记录属性的显示</title>
        </head>
        <body>
            <xml id="fiveDSO" src="ch06-5(使用 DSO 显示记录属性).xml"></xml>
            <h1 align="center">记录属性的显示</h1>
            <table datasrc="#fiveDSO"    border="1" width="60%" align="center">
                <thead>
                    <tr>
                        <th>班级</th>
                        <th>学号</th>
                        <th>姓名</th>
                        <th>性别</th>
                        <th>联系方式</th>
                    </tr>
                </thead>
                <tr align="center">
                    <td> <span datafld="班级"> </span> </td>
                    <td> <span datafld="学号"> </span> </td>
                    <td> <span datafld="姓名"> </span> </td>
                    <td> <span datafld="性别"> </span> </td>
                    <td> <span datafld="联系方式"> </span> </td>
                </tr>
            </table>
        </body>
    </html>
```

在上面的 HTML 文档中，"学生"元素的"班级"属性是一个记录属性，因此只需把它当作一个字段，输出方法与输出"学号"字段的方法相同。

（3）应用 DSO 的显示结果

【例 6-5】在浏览器中的显示结果如图 6-7 所示。

6.5.2　字段属性的显示

在下面所示的 XML 文档中，元素"字段 1"的属性"字段属性"可以看作是字段属性：

184

图 6-7　记录属性的显示

```xml
<?xml version="1.0" encoding="gb2312"?>
<!-- FileName：字段属性的显示.xml -->
<根元素>
    <多记录 记录属性="recAttrValue1">
        <字段 1 字段属性="fldAttrValue1">数据源对象</字段 1>
        <字段 2>DSO</字段 2>
    </多记录>
    <多记录 记录属性="recAttrValue2">
        <字段 1 字段属性="fldAttrValue2">记录属性的显示</字段 1>
        <字段 2>字段属性的显示需要用到嵌套表格</字段 2>
    </多记录>
</根元素>
```

应用 DSO 显示字段属性值时，DSO 会把字段属性当作一个嵌套的元素处理，同时使用 DSO 特定的名称"$text"表示该字段属性隶属的元素的字符数据内容。

例如，在上述 XML 文档中，元素"字段 1"的属性"字段属性"是一个字段属性，DSO 会把"字段属性"处理成以下形式（以第一个"字段 1"元素为例）：

```xml
<字段 1>
    <字段属性> fldAttrValue1 </字段属性>
    <$text>数据源对象</$text>
</字段 1>
```

经过 DSO 处理之后，输出"字段 1"的元素内容及属性值的代码片段如下：

```html
<xml id="fldAttr" src="字段属性的显示.xml"></xml>
<table datasrc="#fldAttr" border="1">
    <thead>
    <tr>
        <th>记录属性值</th>
        <th>字段 1</th>
        <th>字段 2</th>
    </tr>
```

```
        </thead>
        <tr>
            <td> <span datafld="记录属性"></span></td>
            <td>
                <table datasrc="#fldAttr" datafld="字段 1" width="100%">
                    <tr>
                        <td>"字段 1"的元素内容: <span datafld="$text"></span></td>
                        <td>"字段属性"的属性值: <span datafld="字段属性"></span></td>
                    </tr>
                </table>
            </td>
            <td> <span datafld="字段 2"></span></td>
        </tr>
    </table>
```

【例 6-6】 字段属性的显示。

（1）学习目标

1）理解 DSO 的含义。

2）掌握 XML 文档绑定到 HTML 的方法。

3）掌握 XML 元素绑定到 HTML 元素的方法。

4）掌握使用 DSO 显示字段属性的方法。

（2）使用 DSO 显示 XML 文档

1）编写 XML 文档。

```
<?xml version="1.0" encoding="GB2312"?>
<!-- 使用 DSO 显示字段属性-->
<!-- FileName:ch06-6(使用 DSO 显示字段属性).xml -->
<学生列表>
        <学生 班级="0952311">
            <学号>095231101</学号>
            <姓名>杨丽</姓名>
            <性别>女</性别>
            <联系方式   Email="123456@126.com">15201112233</联系方式>
        </学生>
        <学生 班级="0952311">
            <学号>095231102</学号>
            <姓名>张前</姓名>
            <性别>男</性别>
            <联系方式   Email="654321@126.com">13501112233</联系方式>
        </学生>
        <学生 班级="1052311">
            <学号>105231101</学号>
            <姓名>赵力</姓名>
            <性别>男</性别>
            <联系方式   Email="112233@126.com">13301112233</联系方式>
        </学生>
```

```
            <学生 班级="1052311">
                <学号>105231102</学号>
                <姓名>李琦</姓名>
                <性别>男</性别>
                <联系方式  Email="332211@126.com">15501112233</联系方式>
            </学生>
        </学生列表>
```

2）编写 HTML 文档。

```
        <!-- 使用 DSO 显示字段属性 -->
        <!-- FileName:ch06-6(使用 DSO 显示字段属性).html-->
        <html>
            <head>
                <title>字段属性的显示</title>
            </head>
            <body>
                <xml id="sixDSO" src="ch06-6(使用 DSO 显示字段属性).xml"></xml>
                <h1 align="center">字段属性的显示</h1>
                <table datasrc="#sixDSO"  border="1"  align="center">
                    <thead>
                    <tr>
                        <th>班级</th>
                        <th>学号</th>
                        <th>姓名</th>
                        <th>性别</th>
                        <th>联系方式</th>
                    </tr>
                    </thead>
                    <tr align="center">
                        <td><span datafld="班级"></span></td>
                        <td><span datafld="学号"></span></td>
                        <td><span datafld="姓名"></span></td>
                        <td><span datafld="性别"></span></td>
                        <td>
                            <table datasrc="#sixDSO" datafld="联系方式" width="100%">
                                <tr>
                                    <td width="200">手机：<span datafld="$text"></span></td>
                                    <td>Email：<span datafld="Email"></span></td>
                                </tr>
                            </table>
                        </td>
                    </tr>
                </table>
            </body>
        </html>
```

（3）应用 DSO 的显示结果

【例6-6】在浏览器中的显示结果如图6-8所示。

图6-8　字段属性的显示

【例6-7】　XML属性的显示综合。

（1）学习目标

1）理解DSO的含义。

2）掌握XML文档绑定到HTML的方法。

3）掌握XML元素绑定到HTML元素的方法。

4）掌握使用DSO显示记录属性、字段属性、嵌套字段属性的方法。

（2）使用DSO显示XML文档

1）编写XML文档。

```
<?xml version="1.0" encoding="GB2312"?>
<!-- XML 元素属性显示综合  -->
<!-- FileName:ch06-7(使用 DSO 显示字段属性-复杂).xml-->
<学生列表>
    <班级  校区="东区">
        <班级名  班主任="高老师">0952311</班级名>
        <学生>
            <学号>095231101</学号>
            <姓名>杨丽</姓名>
            <性别>女</性别>
            <联系方式  Email="123456@126.com">15201112233</联系方式>
        </学生>
        <学生>
            <学号>095231102</学号>
            <姓名>张前</姓名>
            <性别>男</性别>
            <联系方式  Email="654321@126.com">13501112233</联系方式>
        </学生>
    </班级>
    <班级   校区="东区">
        <班级名  班主任="陈老师">1052311</班级名>
```

```
<学生>
        <学号>105231101</学号>
        <姓名>赵丹</姓名>
        <性别>女</性别>
        <联系方式    Email="111222@126.com">15201112233</联系方式>
    </学生>
    <学生>
        <学号>105231102</学号>
        <姓名>张梦</姓名>
        <性别>女</性别>
        <联系方式    Email="333444@126.com">15501112233</联系方式>
    </学生>
</班级>
</学生列表>
```

2）编写 HTML 文档。

```
<!-- XML 元素属性显示综合  -->
<!-- FileName:ch06-7(使用 DSO 显示字段属性-复杂).html-->
<html>
    <head>
        <title>XML 属性显示综合</title>
    </head>
    <body>
        <h1 align="center">XML 属性显示综合</h1>
        <xml id="attrDisplay" src="ch06-7(使用 DSO 显示字段属性-复杂).xml"></xml>
        <table border="1" datasrc="#attrDisplay" align="center">
                <tr>
                    <th width="50%"><span datafld="校区"></span></th>
                    <th width="50%">
                        <table datasrc="#attrDisplay" datafld="班级名" >
                            <tr>
                                <th>
                                    <span datafld="$text"></span>
                                    (<span datafld="班主任"></span>)
                                </th>
                            </tr>
                        </table>
                    </th>
                </tr>
                <tr>
                    <td colspan="2">
                        <table datasrc="#attrDisplay" datafld="学生" align="center">
                            <thead>
                                <tr>
                                    <th>学号</th>
                                    <th>姓名</th>
```

```
                                        <th>性别</th>
                                        <th>联系方式</th>
                                    </tr>
                                </thead>
                                <tr>
                                    <td><span datafld="学号"></span></td>
                                    <td><span datafld="姓名"></span></td>
                                    <td><span datafld="性别"></span></td>
                                    <td>
                                        <table datasrc="#attrDisplay" datafld="联系方式">
                                            <tr>
                                                <td>
                                                    <span datafld="$text"></span>/
                                                    <span datafld="Email"></span>
                                                </td>
                                            </tr>
                                        </table>
                                    </td>
                                </tr>
                            </table>
                        </td>
                    </tr>
                </table>
            </body>
        </html>
```

（3）应用 DSO 的显示结果

【例 6-7】在浏览器中的显示结果如图 6-9 所示。

图 6-9　元素属性显示综合

190

6.6 实训

1．实训目标

1）理解 DSO 的含义。

2）掌握 XML 文档绑定到 HTML 的方法。

3）掌握 XML 元素绑定到 HTML 元素的方法。

4）掌握使用 DSO 显示多记录数据方法。

5）掌握使用 DSO 显示记录属性、字段属性的方法。

2．实训内容

应用 DSO 技术把第 5 章实训中的 XML 文档数据显示到 HTML 页面上，数据的显示样式如图 6-10 所示。

图 6-10　实训效果图

3．实训步骤

1）编写 XML 文档。

```
<?xml version="1.0" encoding="GB2312"?>
<!-- DSO 实训 -->
<!-- FileName:ch06-8(DSO 实训).xml -->
…(XML 文档内容同第 5 章实训的 XML 文档内容)
```

2）编写 HTML 文档。

```
<!-- DSO 实训 -->
<!-- FileName:ch06-8(DSO 实训).html-->
<html>
<head>
    <title>DSO 实训</title>
</head>
<body>
```

```
<xml id="nineDSO" src="ch06-8(DSO 实训).xml"></xml>
<h1 align="center">DSO 实训</h1>
<table datasrc="#nineDSO"   border="1"   align="center" width="60%">
     <tr>
          <th bgcolor="yellow">
               校区：<span datafld="校区名"></span>
          </th>
     </tr>
     <tr>
          <td>
               <table datasrc="#nineDSO" datafld="班级" width="100%" >
                    <tr>
                         <th bgcolor="pink">班级：
                              <span datafld="班级名"></span>
                         </th>
                    </tr>
                    <tr>
                         <td>
                              <table datasrc="#nineDSO" datafld="学生" width= "100%">
                                   <thead >
                                        <tr>
                                        <th>学号</th>
                                        <th>姓名</th>
                                        <th>性别</th>
                                        <th>年龄</th>
                                        <th>联系方式</th>
                                        <th>家庭住址</th>
                                        </tr>
                                   </thead >
                                   <tr align="center">
                                        <td> <span datafld="学号"></span> </td>
                                        <td> <span datafld="姓名"></span> </td>
                                        <td> <span datafld="性别"></span> </td>
                                        <td> <span datafld="年龄"></span> </td>
                                        <td>
                                             <table datasrc="#nineDSO" datafld="
                                             联系方式">
                                                  <tr>
                                                       <td>
                                                            <span datafld="手机">
                                                            </span>|
                                                            <span datafld=
                                                            "QQ"></span>|
                                                            <span datafld=
                                                            "Email"></span>
                                                       </td>
```

```
                                                                    </tr>
                                                              </table>
                                                          </td>
                                                          <td><span datafld="家庭住址"></span></td>
                                                      </td>
                                                  </tr>
                                              </td>
                                          </tr>
                                      </table>
                                  </td>
                              </tr>
                          </table>
                      </body>
                  </html>
```

3）显示结果。

显示结果如图 6-10 所示。

6.7　习题

1. 简述数据岛的概念。
2. 简述使用 DSO 显示 XML 文档的步骤。
3. 如何把 XML 文档绑定到 HTML 文档？
4. 如何把 XML 元素绑定到特定的 HTML 标记？
5. 简述使用 DSO 显示单一记录、多记录的方法。
6. 使用 DSO 如何显示记录属性？
7. 使用 DSO 如何显示字段属性？
8. 应用 DSO 技术对下面的 XML 文档中的数据分页显示，输出样式如图 6-11 所示。

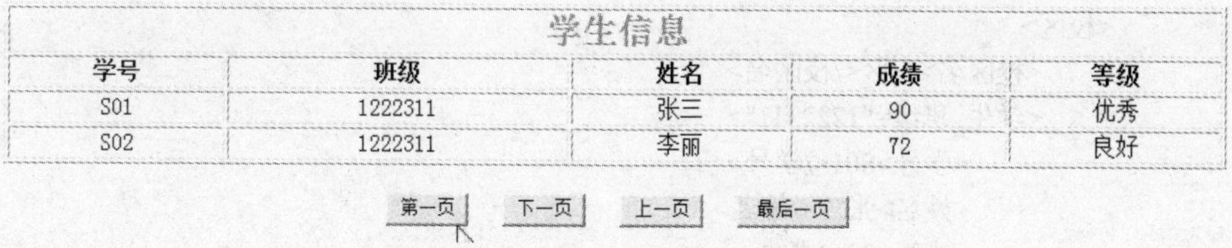

学生信息				
学号	班级	姓名	成绩	等级
S01	1222311	张三	90	优秀
S02	1222311	李丽	72	良好

第一页　　下一页　　上一页　　最后一页

图 6-11　习题 8 数据显示样式

XML 文档代码如下：

```
<?xml version="1.0" encoding="GB2312" ?>
<学生信息>
        <学生 班级="1222311">
                <学号>S01</学号>
                <姓名>张三</姓名>
                <成绩>90</成绩>
```

```
                <等级>优秀</等级>
            </学生>
        <学生 班级="1222311">
            <学号>S02</学号>
            <姓名>李丽</姓名>
            <成绩>72</成绩>
                <等级>良好</等级>
        </学生>
        <学生 班级="1222311">
            <学号>S03</学号>
                <姓名>王鹏</姓名>
                <成绩>57</成绩>
                <等级>不及格</等级>
            </学生>
    </学生信息>
```

9. 应用 DSO 技术显示下面的 XML 文档中的数据，数据的显示样式如图 6-12 所示。

校区				东区
学号	姓名	班级	成绩	等级
S01	张三	1222311	90	优秀
S02	李丽	1222311	72	良好
S03	王鹏	1222311	57	不及格
校区				南区
学号	姓名	班级	成绩	等级
S01	赵军	1452311	95	优秀
S02	杜丽	1452311	77	良好
S03	袁军	1452311	34	不及格

图 6-12 习题 9 数据显示样式

XML 文档代码如下：

```
<?xml version="1.0" encoding="GB2312" ?>
<学生信息>
    <校区>
        <校区名>东区</校区名>
        <学生 班级="1222311">
            <学号>S01</学号>
            <姓名>张三</姓名>
            <成绩>90</成绩>
            <等级>优秀</等级>
        </学生>
        <学生 班级="1222311">
            <学号>S02</学号>
            <姓名>李丽</姓名>
            <成绩>72</成绩>
            <等级>良好</等级>
        </学生>
        <学生 班级="1222311">
```

```
            <学号>S03</学号>
            <姓名>王鹏</姓名>
            <成绩>57</成绩>
            <等级>不及格</等级>
        </学生>
    </校区>
    <校区>
        <校区名>南区</校区名>
        <学生 班级="1452311">
            <学号>S01</学号>
            <姓名>赵军</姓名>
            <成绩>95</成绩>
            <等级>优秀</等级>
        </学生>
        <学生 班级="1452311">
            <学号>S02</学号>
            <姓名>杜丽</姓名>
            <成绩>77</成绩>
            <等级>良好</等级>
        </学生>
        <学生 班级="1452311">
            <学号>S03</学号>
            <姓名>袁军</姓名>
            <成绩>34</成绩>
            <等级>不及格</等级>
        </学生>
    </校区>
</学生信息>
```

第7章 XML DOM 应用

XML DOM 是 XML Document Object Model 的缩写，其含义是 XML 文档对象模型。XML DOM 是获取、更改、添加或删除 XML 元素的标准，定义了访问、操作 XML 文档的方法，是操作 XML 文档的编程接口。本章重点介绍如何在客户端应用 XML DOM 访问 XML 文档。

7.1 XML DOM 概述

DOM 是 Document Object Model 的简称，含义是文档对象模型，它是 W3C（万维网联盟）推荐的标准。DOM 是一个独立于平台和语言的接口，定义了访问 HTML 或 XML 文档的标准，它允许程序或脚本动态地访问、更新文档的内容、结构和样式。

W3C DOM 主要分为 3 个不同的级别。

1. 核心 DOM

核心 DOM 是用于任何结构化文档的标准模型。

2. XML DOM

XML DOM 是用于 XML 文档的标准模型。

3. HTML DOM

HTML DOM 是用于 HTML 文档的标准对象模型。

本章重点介绍如何应用 XML DOM 访问 XML 文档。在 XML 文档的处理方面，XML DOM 拥有比 DSO（数据源对象）更强大的功能和更好的灵活性。

应用 XML DOM 技术，既可以编写访问本地 XML 文档的程序，也可以编写访问服务器端 XML 文档的程序。本章重点是应用 XML DOM 编写客户端脚本程序，访问本地的 XML 文档数据。

7.2 XML DOM 节点树

应用 XML DOM 技术访问 XML 文档时，XML DOM 解析器（有关解析器的内容具体见第 7.3 节）首先把 XML 文档加载到内存中，XML 文档在内存中以树状结构存在，该树状结构也被称为节点树。XML 文档中的每个成分（如元素、属性等）在节点树中都对应一个节点。XML DOM 节点树中主要的节点类型如下。

1. 文档节点

整个 XML 文档是一个文档节点，即 Document 节点。文档节点代表了整个 XML 文档。

2．元素节点

XML 文档中的每个 XML 元素，对应节点树中的一个元素节点，即 Element 节点。根元素节点是 Document 节点下的最上层的一个 Element 节点。

3．属性节点

XML 文档中的每个元素属性，对应节点树中的一个属性节点，即 Attribute 节点。

4．文本节点

XML 文档中的元素或属性的文本内容，对应节点树中的一个文本节点，即 Text 节点。Text 节点通常作为 Element 节点或 Attribute 节点的子节点出现。

5．注释节点

XML 文档中的每条注释，对应节点树中的一个注释节点，即 Comment 节点。

6．处理指令节点

XML 文档中的每个处理指令，对应节点树中的一个处理指令节点，即 Processing-Instruction 节点。

【例 7-1】 XML 文档与节点树。

（1）学习目标

1）掌握 XML 文档与 DOM 节点树的关系。

2）理解掌握文档节点与根元素的关系。

3）掌握 XML DOM 节点的绘制方法。

（2）XML 文档与 DOM 结构树

1）编写 XML 文档。

```
<?xml version="1.0" encoding="GB2312"?>
<!-- FileName:ch07-1(XML DOM 树).xml -->
<学生信息>
    <学生 班级="0952311">
        <学号>095231101</学号>
        <姓名>杨丽</姓名>
        <性别>女</性别>
        <联系方式  Email="123456@126.com" >15201112233</联系方式>
    </学生>
</学生信息>
```

2）XML 文档对应的 XML DOM 节点树。

分析 XML 文档，确定文档中的每个成分在节点树中的对应节点。

① XML 文档→Document 节点。

② <?xml version="1.0" encoding="GB2312"?>→ProcessingInstruction 节点。

③ 注释"<!-- FileName:ch07-1(XML DOM 树).xml -->"→Comment 节点。

④ 元素"学生信息""学号""姓名""性别""联系方式"→Element 节点。

⑤ 属性"班级""Email"→Attribute 节点。

⑥ 元素内容"095231101""杨丽""女""15201112233"→Text 节点。

经上述分析，本例中的 XML 文档对应的节点树如图 7-1 所示。

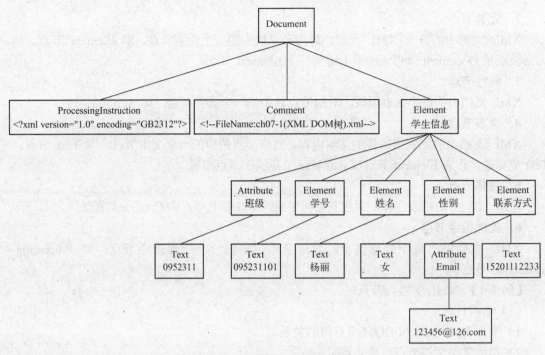

图 7-1　XML DOM 节点树

7.3　XML DOM 解析器

XML DOM 解析器负责解析 XML 文档，并将其转换为 XML DOM 对象。目前绝大多数的主流浏览器都内嵌了解析 XML 文档的解析器。本章主要使用微软的 XML 解析器 MSXML 解析 XML 文档，该解析器内建于 Internet Explorer 5.0 及更高版本中。

对 XML 文档进行操作，首先必须创建一个 XML DOM 对象，然后以该对象为入口，对加载到内存中的 XML 文档进行操作。不同的编程语言创建 XML DOM 对象的语法不同，本章使用 JavaScript 脚本语言创建 XML DOM 对象，创建代码如下：

var xmlDom=new ActiveXObject("Microsoft.XMLDOM");

XML DOM 对象创建完成后，即可得到操作 XML 文档的入口。为了使创建的 XML DOM 对象与操作的 XML 文档关联在一起，微软的 XML 解析器 MSXML 提供了把 XML 文档加载到内存中的方法，加载代码如下：

xmlDom.load("XML 文档名称");　　　　　　**//xmlDom 为创建的 XML DOM 对象**

为了确保在 XML 文档完全加载完成之前，XML DOM 解析器不去继续执行其他脚本语句，需要禁止异步加载 XML 文档，即只有 XML 文档完全加载完成后，XML 解析器才能执行其他脚本语句。禁止异步加载 XML 文档的设置代码如下：

xmlDom.async="false";　　　　　　　　**//xmlDom 为创建的 XML DOM 对象**

禁止异步加载 XML 文档的设置要在使用 XML DOM 对象的 load 方法加载文档之前进行。

把 XML 文档加载到内存后，即可建立 XML DOM 对象与 XML 文档的关联，然后就可以利用创建的 XML DOM 对象访问、操作 XML 文档。

【例7-2】 加载 XML 文档。

（1）学习目标

1）理解 XML 解析器的作用。

2）掌握加载 XML 文档的方法。

3）理解禁止异步加载 XML 文档的原因及设置。

（2）编写 XML 文档

该实例对应的 XML 文档代码如下：

```
<?xml version="1.0" encoding="GB2312"?>
<!-- 加载 XML 文档-->
<!-- FileName:ch07-2(加载 XML 文档).xml -->
<学生信息>
    <学生 班级="0952311">
        <学号>095231101</学号>
        <姓名>杨丽</姓名>
        <性别>女</性别>
        <联系方式  Email="123456@126.com" QQ="12341234" >15201112233</联系方式>
    </学生>
    <学生 班级="1052311">
        <学号>105231102</学号>
        <姓名>马超</姓名>
        <性别>男</性别>
        <联系方式  Email="12344321@qq.com" QQ="11223344" >13527112233</联系方式>
    </学生>
    <学生 班级="1152311">
        <学号>115231102</学号>
        <姓名>王超</姓名>
        <性别>男</性别>
        <联系方式  Email="43214321@qq.com" QQ="43211234" >13190112233</联系方式>
    </学生>
</学生信息>
```

（3）加载 XML 文档

编写 HTML 文档，在 JavaScript 脚本中创建 XML DOM 对象，并加载指定的 XML 文档，代码如下：

```
<html>
    <head>
        <title>加载 XML 文档</title>
    </head>
    <body>
        <h1>加载 XML 文档的步骤</h1>
        <ol>
            <li>创建 XML DOM 对象</li>
```

```
                    <li>设置禁止异步加载文档</li>
                    <li>加载 XML 文档</li>
            </ol>
            <script>
                    var xmlDom=new ActiveXObject("Microsoft.XMLDOM");        //创建 Document 对象
                    xmlDom.async=false;                                      //设置禁止异步加载文档
                    xmlDom.load("ch07-2(加载 XML 文档).xml");                //加载 XML 文档
            </script>
            </body>
        </html>
```

（4）显示结果

【例 7-2】在浏览器中的显示结果如图 7-2 所示。

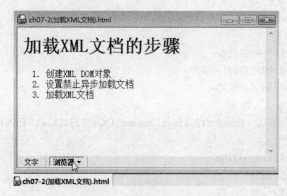

图 7-2　加载 XML 文档

7.4　XML DOM 节点对象

XML DOM 为 XML 文档的访问提供了各种 DOM 对象，利用这些 DOM 对象可以方便地操作 XML 文档。常用的 XML DOM 节点对象如下。

1. Document 对象

Document 对象代表整个 XML 文档，通常被称为文档对象，该对象是操作 XML 文档的入口。访问 XML 文档时，首先必须创建 Document 对象，创建代码如下：

var xmlDom=new ActiveXObject("Microsoft.XMLDOM");

利用 Document 对象的 documentElement 属性，可以得到 XML 文档根元素节点，其代码如下：

var rootElement=xmlDom.documentElement;

利用获取的 XML 文档根元素，就可以按照 XML 文档的结构访问其对应节点树中的其他节点。

2. Node 对象

Node 对象是指 XML DOM 中的节点对象，它代表节点树中的一个单独节点，如元素节点、属性节点、文本节点等。

3. NodeList 对象

NodeList 对象是指 XML DOM 中的节点列表对象。在 DOM 节点树中，拥有共同父节点的所有子节点构成 NodeList 对象，该对象代表一个有顺序的节点集合，节点顺序是节点对应成分在 XML 文档中出现的顺序。

4. Element 对象

Element 对象是 XML DOM 中的元素节点对象，它表示 XML 文档中的元素，元素可以包含属性、其他元素或文本内容。因为 Element 对象也是一种 Node 对象，因此 Element 对象可以继承 Node 对象的属性和方法。

5. Text 对象

Text 对象是指 XML DOM 中的文本节点对象，它表示元素或属性的文本内容。

6. Attribute 对象

Attribute 对象是指 XML DOM 中的属性节点对象。

7.5　XML DOM 节点属性和方法

XML DOM 对象提供了很多属性和方法，利用这些属性和方法可以方便地访问 XML 文档。虽然不同类型的节点对象都提供了特定的属性和方法（本章不作详细介绍，需要时请查阅相关技术手册），但是不同类型的节点对象也拥有很多共同的属性和方法。不同类型的节点对象常用的一些共有属性和方法如下。

7.5.1　XML DOM 节点属性

在 XML DOM 中，不同类型的节点对象常用的共有属性如下。

1. nodeName 属性

该属性表示节点对象的名称，其用法如下：

节点对象. nodeName

说明：

① 元素节点的 nodeName 是元素的标记名称。

② 属性节点的 nodeName 是属性名称。

③ 文本节点的 nodeName 是#text。

④ 文档节点 Document 的 nodeName 是#document。

以下面的"学生"元素为例，元素节点"学生"的 nodeName 是"学生"，属性节点"班级"的 nodeName 是"班级"，文本节点"张三"的 nodeName 是"#text"，代码如下：

```
<学生 班级="0952311">张三</学生>
```

又如，以【例 7-2】中的 XML 文档为例，设定创建的 XML DOM 对象为 xmlDom，nodeName 属性的应用如下：

```
var documentNodeName=xmlDom.nodeName;        // 文档节点的节点名称(#document)
```

```
var rootElement=xmlDom.documentElement;          // 根元素节点"学生信息"
var rootNodeName= rootElement.nodeName;          // 根元素节点的节点名称("学生信息")
```

2．nodeValue 属性

该属性表示节点对象的文本值，其用法如下：

节点对象. nodeValue

说明：

① 元素节点没有文本值，因此元素节点的 nodeValue 是 null。若元素包含文本内容，则在文本节点中表示该文本。

② 文本节点的 nodeValue 是文本节点本身。

③ 属性节点的 nodeValue 是属性的值。

④ 文档节点没有文本值，其 nodeValue 是 null。

以下面的"学生"元素为例，元素节点"学生"的 nodeValue 是 null，它的元素内容存储在文本节点"张三"中，文本节点"张三"的 nodeValue 是文本节点本身"张三"，属性节点"班级"的 nodeValue 是"0952311"，代码如下：

```
<学生  班级="0952311">张三</学生>
```

又如，以【例 7-2】中的 XML 文档为例，设定创建的 XML DOM 对象为 xmlDom，nodeValue 属性的应用代码如下：

```
var documentNodeValue=xmlDom.nodeValue;          // 文档节点的文本值(null)
var rootElement=xmlDom.documentElement;          // 根元素节点"学生信息"
var rootNodeValue=rootElement.nodeValue;         // 根元素节点的文本值(null)
```

3．childNodes 属性

该属性返回指定节点的子节点的节点集合（属性子节点除外），其用法如下：

节点对象.childNodes

说明：

① 该属性返回的子节点集合是一个有顺序的节点列表 NodeList。

② 节点集合中的节点可以通过节点索引访问，节点索引值从 0 开始。

③ 节点集合的 length 属性表示节点集合中节点的数量。

④ 若指定的节点没有子节点，则该属性返回不包含节点的 NodeList。

以【例 7-2】中的 XML 文档为例，设定创建的 XML DOM 对象为 xmlDom，childNodes 属性的应用如下。

1）获取元素节点"学生信息"的子节点集合及子节点数目。

```
var rootElement=xmlDom.documentElement;          // 根元素节点"学生信息"
var students=rootElement.childNodes;             //根元素节点 "学生信息"的子节点集合
var studentsLen=students.length;                 //元素节点"学生"的数目
```

2）获取第 1 个元素节点"学生"的子节点集合及节点数目。

```
var stu1=students[0];                            //第一个"学生"节点
```

```
var stu1Children=stu1.childNodes;          //第一个"学生"节点的子节点集合
var stu1ChildrenSize= stu1Children.length;  //第一个"学生"节点的子节点数目
```

3）获取第 1 个"学生"节点的子节点"学号"的内容。

```
var stu1No=stu1Children[0];              //第一个"学生"节点的子节点"学号"
var stu1NoText=stu1No.childNodes;        //"学号"节点的文本节点集合（只有一个文本节点）
var stu1NoTextNode= stu1NoText[0];        //文本节点"095231101"
//文本节点"095231101"的节点名称(#text)
var stu1NoTextNodeName= stu1NoTextNode.nodeName;
//文本节点"095231101"的文本值（与其本身相同）
var stu1NoTextNodeValue= stu1NoTextNode.nodeValue;
```

4．attributes 属性

该属性返回指定元素节点的属性节点的集合，其用法如下：

元素节点.attributes

说明：

① 该属性只能用于 Element 节点。

② 利用属性节点集合的方法 getNamedItem("属性名称")可以得到指定的属性节点。

③ 属性节点集合中的节点可以通过节点索引访问，节点索引值从 0 开始。

④ 属性节点的文本值（即属性值）可以利用属性节点的 nodeValue 属性得到。

例如，以【例 7-2】中的 XML 文档为例，设定创建的 XML DOM 对象为 xmlDom，attributes 属性的应用如下。

1）获取第一个"学生"节点。

```
var rootElement=xmlDom.documentElement;    //根元素节点"学生信息"
var students=rootElement.childNodes;        //根元素"学生信息"的子节点集合
var stu1=students[0];                      //第一个"学生"节点
```

2）获取第一个"学生"节点的"班级"属性值。

```
var stu1Attrs=stu1.attributes;   //第一个"学生"节点的属性节点集合（只有一个"班级"属性节点）
var stu1ClassAttr=stu1Attrs[0];               //第一个"学生"节点的"班级"属性节点
var stu1ClassAttrValue=stu1ClassAttr.nodeValue  //第一个"学生"节点的"班级"属性值
```

3）获取第一个"学生"节点的子节点"联系方式"的"Email""QQ"属性值。

```
var stu1Children=stu1.childNodes;          //第一个"学生"节点的子节点集合
var stu1Contact=stu1Children[3];            //第一个"学生"节点的"联系方式"子节点
// "联系方式"的属性节点集合（"Email""QQ"两个属性节点）
var stu1ContactAttrs=stu1Contact.attributes;
var stu1EmailAttr=stu1ContactAttrs.getNamedItem("Email");  //" Email "属性节点
var stu1EmailAttrValue=stu1EmailAttr.nodeValue;            //" Email "属性值
var stu1QQAttr = stu1ContactAttrs[1];                       //"QQ"属性节点
var stu1QQAttrValue=stu1QQAttr.nodeValue;                   //"QQ"属性值
```

【例 7-3】 XML DOM 节点属性的综合应用。

（1）学习目标

1）理解 XML 解析器的作用。

2）掌握加载 XML 文档的方法。

3）理解掌握 XML DOM 节点属性的应用。

（2）编写 XML 文档

该实例对应的 XML 文档代码如下：

```
<?xml version="1.0" encoding="GB2312"?>
<!-- 加载 XML 文档-->
<!-- FileName:ch07-3(节点属性的应用).xml -->
…(XML 文档内容同【例 7-2】中的 XML 文档)
```

（3）加载 XML 文档

编写 HTML 文档，在 JavaScript 脚本中创建 XML DOM 对象，并加载指定的 XML 文档，代码如下：

```
<html>
    <head>
        <title>节点属性的应用</title>
    </head>
    <body>
        <h1>节点属性的应用</h1>
        <h2 style='color:green'>仔细观察，进行总结</h2>
            <ul>
            <li>文档节点的 nodeName？ </li>
            <li>元素节点的 nodeName？ </li>
            <li>文本节点的 nodeName？ </li>
            <li>元素节点的 nodeValue？ </li>
            <li>文本节点的 nodeValue？ </li>
        </ul>
        <p>*****************************************</p>
        <script>
            var xmlDom=new ActiveXObject("Microsoft.XMLDOM");//创建 Document 对象
            xmlDom.async=false;                        //设置禁止异步加载文档
            xmlDom.load("ch07-3(节点属性的应用).xml");      //加载 XML 文档
            document.write("文档节点 Document 的 nodeName 是："+xmlDom.nodeName);
            var rootElement=xmlDom.documentElement;       //根元素节点"学生信息"
            var rootNodeName=rootElement.nodeName;
            document.write("<p>根元素节点\"学生信息\"的 nodeName 是："+rootNodeName+
            "</p>");
            var students=rootElement.childNodes;            //"学生"元素节点集合
            var studentsLen=students.length;                //"学生"元素的节点的数目
              document.write("\"学生\"节点集合中所有\"学生\"节点的数目是："+studentsLen);
            document.write("<p>*****************************************</p>");
            document.write("<h2>第 1 个学生的信息</h2>");
            var stu1=students[0];                          //第 1 个元素节点"学生"
```

204

```javascript
var stu1NodeName=stu1.nodeName;
var stu1NodeValue=stu1.nodeValue;
document.write("<p>元素节点\"学生\"的 nodeName 是："+stu1NodeName+"</p>");
document.write("<p>元素节点\"学生\"的 nodeValue 是："+stu1NodeValue+"</p>");
document.write("<p>~~~~~~~~~~~~~~~~~</p>");
var stu1Attrs=stu1.attributes;
//元素节点"学生"的属性节点集合（1 个"班级"属性节点）
var stu1ClassAttr=stu1Attrs[0];
var stu1ClassAttrValue=stu1ClassAttr.nodeValue
document.write("<p>属性节点\"班级\"的 nodeName 是："+
stu1ClassAttr.nodeName+"</p>");
document.write("<p>属性节点\"班级\"的 nodeValue 是："+stu1ClassAttrValue+
"</p>");
document.write("<p>~~~~~~~~~~~~~~~~~</p>");
var stu1Children=stu1.childNodes;//元素节点"学生"的子节点集合
var stu1No=stu1Children[0];            //元素节点"学号"
var stu1NoNodeName=stu1No.nodeName;
var stu1NoNodeValue=stu1No.nodeValue;
document.write("<p>元素节点\"学号\"的 nodeName 是："+stu1NoNodeName+
"</p>");
document.write("<p>元素节点\"学号\"的 nodeValue 是："+stu1NoNodeValue+
"</p>");
document.write("<p>~~~~~~~~~~~~~~~~~</p>");
var stu1NoText=stu1No.childNodes; //文本节点"0952311"
var stu1NoTextNodeName=stu1NoText[0].nodeName;
var stu1NoTextNodeValue=stu1NoText[0].nodeValue;
document.write("<p>文本节点\"0952311\"的 nodeName 是："+
stu1NoTextNodeName+"</p>");
document.write("<p>文本节点\"0952311\"的 nodeValue 是："+
stu1NoTextNodeValue+"</p>");
document.write("<p>~~~~~~~~~~~~~~~~~</p>");
var stu1Contact=stu1Children[3];    //元素节点"联系方式"
var stu1ContactNodeName=stu1Contact.nodeName;
var stu1ContactNodeValue=stu1Contact.nodeValue;
document.write("<p>元素节点\"联系方式\"的 nodeName 是："+
stu1ContactNodeName+"</p>");
document.write("<p>元素节点\"联系方式\"的 nodeValue 是："+
stu1ContactNodeValue+"</p>");
document.write("<p>~~~~~~~~~~~~~~~~~</p>");
//元素节点"联系方式"的属性节点集合（"Email"、"QQ"两个属性节点）
var stu1ContactAttrs=stu1Contact.attributes;
var stu1EmailAttr=stu1ContactAttrs.getNamedItem("Email");
var stu1EmailAttrValue=stu1EmailAttr.nodeValue;
document.write("<p>属性节点\"Email\"的 nodeName 是："+
stu1EmailAttr.nodeName+"</p>");
document.write("<p>属性节点\"Email\"的 nodeValue 是："+stu1EmailAttrValue+
```

```
                    "</p>");
                    var stu1QQAttr=stu1ContactAttrs[1];
                    var stu1QQAttrValue=stu1QQAttr.nodeValue;
                    document.write("<p>属性节点\"QQ\"的 nodeName 是: "+stu1QQAttr.nodeName+
                    "</p>");
                    document.write("<p>属性节点\"QQ\"的 nodeValue 是: "+stu1QQAttrValue+"</p>");
                    document.write("<p>〜〜〜〜〜〜〜〜〜〜</p>");
                    var stu1ContactText=stu1Contact.childNodes;            //文本节点"15201112233"
                    var stu1ContactTextNodeName=stu1ContactText[0].nodeName;
                    var stu1ContactTextNodeValue=stu1ContactText[0].nodeValue;
                    document.write("<p>文本节点\"15201112233\"的 nodeName 是: "+
                    stu1ContactTextNodeName+"</p>");
                    document.write("<p>文本节点\"15201112233\"的 nodeValue 是: "+
                    stu1ContactTextNodeValue+"</p>");
                    document.write("<p>〜〜〜〜〜〜〜〜〜〜</p>");
                </script>
            </body>
        </html>
```

代码说明:

① 在 JavaScript 脚本语言中,内容的输出使用 document.write("输出内容")方法。

② 若输出内容中含有双引号,需要利用双引号的转义字符 "\"" 来输出内容中的双引号。例如下面的代码:

```
        document.write("<p>第 1 个\"学生\"元素节点的 nodeName 是: "+stu1NodeName+"</p>");
```

上述代码在页面上输出带双引号的"学生"二字。

(4) 显示结果

【例 7-3】的显示结果如图 7-3 所示。仔细观察、总结图中的输出就可以得到图中问题的答案。根据第一个"学生"相关信息的输出,可以很快得到输出第二个学生信息的方法。

7.5.2 XML DOM 节点方法

在 XML DOM 中,不同类型的节点对象常用的共有方法如下。

1. getElementsByTagName("标记名称")方法

该方法返回具有指定标记名称的元素节点集合,其用法如下:

节点对象.getElementsByTagName("标记名称");

说明:

① 返回的节点集合是一个有顺序的节点列表 NodeList,节点顺序是节点对应成分在 XML 文档中的顺序。

② 节点集合中的节点可以通过节点索引访问,节点索引值从 0 开始。

③ 节点集合的 length 属性表示节点集合中节点的数量。

以【例 7-2】中的 XML 文档为例,设定创建的 XML DOM 对象为 xmlDom,该方法的应用如下:

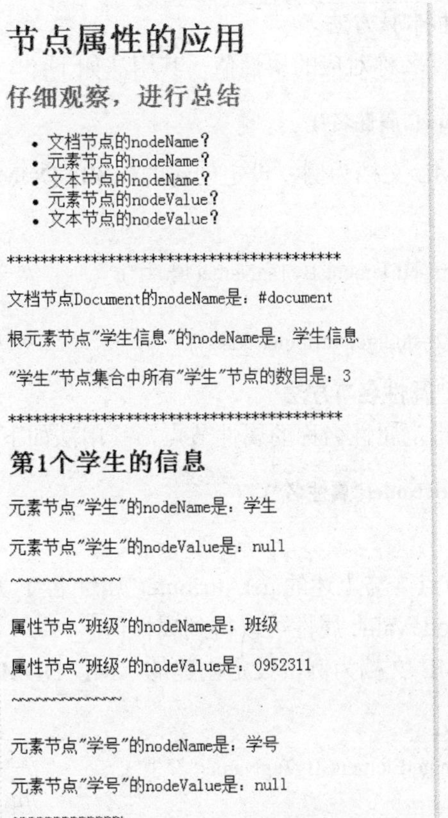

节点属性的应用

仔细观察，进行总结

- 文档节点的nodeName？
- 元素节点的nodeName？
- 文本节点的nodeName？
- 元素节点的nodeValue？
- 文本节点的nodeValue？

****

文档节点Document的nodeName是：#document

根元素节点"学生信息"的nodeName是：学生信息

"学生"节点集合中所有"学生"节点的数目是：3

****

第1个学生的信息

元素节点"学生"的nodeName是：学生

元素节点"学生"的nodeValue是：null

~~~~~~~~~~~~~~~~~~~

属性节点"班级"的nodeName是：班级

属性节点"班级"的nodeValue是：0952311

~~~~~~~~~~~~~~~~~~~

元素节点"学号"的nodeName是：学号

元素节点"学号"的nodeValue是：null

~~~~~~~~~~~~~~~~~~~

文本节点"0952311"的nodeName是：#text

文本节点"0952311"的nodeValue是：095231101

~~~~~~~~~~~~~~~~~~~

元素节点"联系方式"的nodeName是：联系方式

元素节点"联系方式"的nodeValue是：null

~~~~~~~~~~~~~~~~~~~

属性节点"Email"的nodeName是：Email

属性节点"Email"的nodeValue是：123456@126.com

属性节点"QQ"的nodeName是：QQ

属性节点"QQ"的nodeValue是：12341234

~~~~~~~~~~~~~~~~~~~

文本节点"15201980921"的nodeName是：#text

文本节点"15201980921"的nodeValue是：15201112233

~~~~~~~~~~~~~~~~~~~

图 7-3　节点属性的应用

```
var students=xmlDom.getElementsByTagName("学生");    //"学生"节点集合
var studentsLen=students.length;                      //"学生"节点集合中的节点数目
var stu1=students[0];                                 //第 1 个"学生"节点
var stu1Children=stu1.childNodes;                     //第 1 个"学生"节点的子节点集合
```

2．getAttribute("属性名") 方法

该方法返回指定的属性名称对应的属性值，其用法如下：

元素节点.getAttribute("属性名")

以【例 7-2】中的 XML 文档为例，设定创建的 XML DOM 对象为 xmlDom，该方法的应用如下：

```
var students=xmlDom.getElementsByTagName("学生");        //"学生"节点集合
var stu2=students[1];                                    //第 2 个"学生"节点
var valueOfClassAttr2=stu2.getAttribute("班级");          //"班级"
```

3．getAttributeNode("属性名")方法

该方法返回当前元素指定属性名称的属性节点，其用法如下：

元素节点.getAttributeNode("属性名")

说明：

① 该方法返回属性节点，与上述的 getAttribute("属性名") 方法直接返回属性值不同。

② 利用属性节点的 nodeValue 属性可以得到属性值。

以【例 7-2】中的 XML 文档为例，设定创建的 XML DOM 对象为 xmlDom，该方法的应用如下：

```
var students=xmlDom.getElementsByTagName("学生");        //"学生"节点集合
var stu3=students[2];                                    //第 3 个"学生"节点
var stu3Children=stu3.childNodes;                        //第 3 个"学生"节点的子节点集合
var stu3Contact=stu3Children[3];                         //元素节点"联系方式"
var stu3ContactAttrEmail=stu3Contact.getAttributeNode("Email");  //"Email"属性节点
var stu3ContactAttrQQ=stu3Contact.getAttributeNode("QQ");        //"QQ"属性节点
var stu3ContactAttrEmailValue3=stu3ContactAttrEmail.nodeValue;   //"Email"属性值
var stu3ContactAttrQQValue3=stu3ContactAttrQQ.nodeValue;         //"QQ"属性值
```

【例 7-4】 获取节点的属性值。

（1）学习目标

1）掌握 XML 文档的加载。

2）掌握节点树中元素节点的访问方法。

3）掌握节点树中属性节点的访问方法。

4）掌握元素节点的 attributes 属性的应用。

5）掌握元素节点的 getAttribute()方法的应用。

6）掌握元素节点的 getAttributeNode()方法的应用。

（2）编写 XML 文档

该实例对应的 XML 文档代码如下：

```
<?xml version="1.0" encoding="GB2312"?>
<!-- 获取节点的属性值-->
<!-- FileName:ch07-4(获取节点的属性值).xml -->
…(XML 文档内容同【例 7-2】中的 XML 文档)
```

（3）应用 XML DOM 访问 XML 文档

编写 HTML 文档，在 JavaScript 中创建 XML DOM 对象，并加载指定的 XML 文档。本例使用 3 种方法输出属性节点的属性值。对应的 HTML 文档的代码如下：

```
<html>
    <head>
        <title>获取节点的属性值</title>
    </head>
    <body>
        <h1>使用 3 种方法获取属性节点的属性值</h1>
        <ol style="color:green;font-size:20pt;">
            <li>应用元素节点的 attributes 属性</li>
            <li>应用元素节点的 getAttribute("属性名称")方法</li>
            <li>应用元素节点的 getAttributeNode("属性名称")方法</li>
        </ol>
        <script>
            //创建 Document 对象
            var xmlDom=new ActiveXObject("Microsoft.XMLDOM");
            //设置禁止异步加载文档
            xmlDom.async=false;
            //加载 XML 文档
            xmlDom.load("ch07-4(获取节点的属性值).xml");
            var students=xmlDom.getElementsByTagName("学生");    //"学生"节点集合
            document.write("<h2 style='color:red;'>第 1 个\"学生\"的相关属性信息</h2>");
            //方法 1：应用元素节点的 attributes 属性
            document.write("<h3>方法 1：应用元素节点的 attributes 属性</h3>");
            var stu1=students[0];                              //第 1 个"学生"节点
            var stu1Attrs=stu1.attributes;                     //"学生"的属性节点集合
            var classAttr=stu1Attrs[0];                        //"班级"属性节点
            var valueOfClassAttr1=classAttr.nodeValue;         //"班级"属性节点的属性值
            document.write("<p>\"班级\"属性节点的属性值是:"+valueOfClassAttr1+"</p>");
            var stu1Children=stu1.childNodes;                  //第 1 个"学生"节点下的子节点集合
            var stu1Contact=stu1Children[3];                   //元素节点"联系方式"
            var stu1ContactAttrs=stu1Contact.attributes;
            var stu1ContactAttrEmailValue1=stu1ContactAttrs[0].nodeValue;
            var stu1ContactAttrQQValue1=stu1ContactAttrs.getNamedItem("QQ").nodeValue;
            document.write("<p>\"Email\"属性节点的属性值是:"+
            stu1ContactAttrEmailValue1+"</p>");
            document.write("<p>\"QQ\"属性节点的属性值是:"+stu1ContactAttr QQValue1+
            "</p>");
            document.write("***********************************");
            //方法 2：应用元素节点的 getAttribute("属性名称")方法
```

```
document.write("<h2 style='color:red;'>第 2 个\"学生\"的相关属性信息</h2>");
var stu2=students[1];                //第 2 个"学生"节点
document.write("<h3>方法 2：应用元素节点的 getAttribute(\"属性名称\")</h3>");
var valueOfClassAttr2=stu2.getAttribute("班级");
document.write("<p>\"班级\"属性节点的属性值是："+valueOfClassAttr2+"</p>");
var stu2Children=stu2.childNodes;        //第 2 个"学生"元素节点下的子节点集合
var stu2Contact=stu2Children[3];        //元素节点"联系方式"
var stu2ContactAttrEmailValue2=stu2Contact.getAttribute("Email");
var stu2ContactAttrQQValue2=stu2Contact.getAttribute("QQ");
document.write("<p>\"Email\"属性节点的属性值是:"+
stu2ContactAttrEmailValue2+"</p>");
document.write("<p>\"QQ\"属性节点的属性值是:"+stu2ContactAttrQQValue2+
"</p>");
document.write("*************************************");
//方法 3：应用元素节点的 getAttributeNode("属性名称")方法
document.write("<h2 style='color:red;'>第 3 个\"学生\"的相关属性信息</h2>");
var stu3=students[2];//第 3 个"学生"节点
document.write("<h3>方法 3：应用元素节点的 getAttributeNode(\"属性名称\")
</h3>");
var classAttr3=stu3.getAttributeNode("班级");
var valueOfClassAttr3=classAttr3.nodeValue;
document.write("<p>\"班级\"属性节点的属性值是："+valueOfClassAttr3+"</p>");
var stu3Children=stu3.childNodes;        //第 3 个"学生"元素节点下的子节点集合
var stu3Contact=stu3Children[3];        //元素节点"联系方式"
var stu3ContactAttrEmail=stu3Contact.getAttributeNode("Email");
//"Email"属性节点
var stu3ContactAttrQQ=stu3Contact.getAttributeNode("QQ");
//"QQ"属性节点
var stu3ContactAttrEmailValue3=stu3ContactAttrEmail.nodeValue;
//"Email"属性值
var stu3ContactAttrQQValue3=stu3ContactAttrQQ.nodeValue;    //"QQ"属性值
document.write("<p>\"Email\"属性节点的属性值是:"+
stu3ContactAttrEmailValue3+"</p>");
document.write("<p>\"QQ\"属性节点的属性值是:"+stu3ContactAttrQQValue3+
"</p>");
        </script>
    </body>
</html>
```

（4）显示结果

【例 7-4】在浏览器中的显示结果如图 7-4 所示。

使用3种方法获取属性节点的属性值

1. 应用元素节点的attributes属性
2. 应用元素节点的getAttribute("属性名称")方法
3. 应用元素节点的getAttributeNode("属性名称")方法

第1个"学生"的相关属性信息

方法1：应用元素节点的attributes属性

"班级"属性节点的属性值是：0952311

"Email"属性节点的属性值是：123456@126.com

"QQ"属性节点的属性值是：12341234

****

第2个"学生"的相关属性信息

方法2：应用元素节点的getAttribute("属性名称")

"班级"属性节点的属性值是：1052311

"Email"属性节点的属性值是：12344321@qq.com

"QQ"属性节点的属性值是：11223344

****

第3个"学生"的相关属性信息

方法3：应用元素节点的getAttributeNode("属性名称")

"班级"属性节点的属性值是：1152311

"Email"属性节点的属性值是：43214321@qq.com

"QQ"属性节点的属性值是：43211234

图 7-4　节点属性值的获取

7.6　节点内容的循环输出

获取 XML 文档中多个结构、名称相同的元素内容时，可以运用循环来实现。

【例 7-5】　应用循环输出节点内容。

（1）学习目标

1）掌握 XML 文档的加载。

2）掌握节点树中元素节点的访问方法。

3）掌握节点树中属性节点的访问方法。

4）掌握循环输出节点内容的方法。

（2）编写 XML 文档

该实例对应的 XML 文档代码如下：

```
<?xml version="1.0" encoding="GB2312"?>
<!-- 循环获取节点内容-->
<!-- FileName:ch07-5(循环获取节点内容).xml -->
…(XML 文档内容同【例 7-2】中的 XML 文档)
```

（3）应用 XML DOM 访问 XML 文档

编写 HTML 文档，在 JavaScript 中创建 XML DOM 对象，并加载指定的 XML 文档。相应的 HTML 文档代码如下：

```
<html>
    <head>
        <title>循环输出节点内容</title>
    </head>
    <body>
        <h1>循环输出节点内容</h1>
        <script>
            var xmlDom=new ActiveXObject("Microsoft.XMLDOM");//创建 Document 对象
            xmlDom.async=false;                              //设置禁止异步加载文档
            xmlDom.load("ch07-5(循环获取节点内容).xml");   //加载 XML 文档
            var rootElement=xmlDom.documentElement;
            document.write("<p>该 XML 文档的根元素是："+rootElement.nodeName+"</p>");
            //文档中的所有的"学生"元素的节点集合
            var students=xmlDom.getElementsByTagName("学生");
            var studentsLen=students.length;               //"学生"节点数目
            document.write("\"学生\"节点集合中\"学生\"节点的数目是："+studentsLen);
            //循环输出"学生"节点集合中"学生"的内容
            for(var i=0;i<studentsLen;i++){
                var stu=students[i];                       //第 i 个"学生"节点
                var stuClassAttrValue=stu.getAttribute("班级");
                var stuChildren=stu.childNodes;            //第 i 个"学生"节点的子节点
                var stuNo=stuChildren[0];                  //"学号"元素节点
                var stuNoTextValue=stuNo.childNodes[0].nodeValue;       //"学号"元素内容
                var stuName=stuChildren[1];                //"姓名"元素节点
                var stuNameTextValue=stuName.childNodes[0].nodeValue; //"姓名"元素内容
                var stuSex=stuChildren[2];                 //"性别"元素节点
                var stuSexTextValue=stuSex.childNodes[0].nodeValue;    //"性别"元素内容
                var stuContact=stuChildren[3];             //"联系方式"元素节点
                //"联系方式"元素内容
                var stuContactTextValue=stuContact.childNodes[0].nodeValue;
                var contactEmailAttrValue=stuContact.getAttribute("Email"); //"Email"属性值
                var contactQQAttrValue=stuContact.getAttribute("QQ");    //"QQ"属性值
                document.write("<h2>第"+(i+1)+"个学生的信息</h2>");
                document.write("<p>班级:"+stuClassAttrValue+"</p>");
                document.write("<p>学号:"+stuNoTextValue+"</p>");
                document.write("<p>姓名:"+stuNameTextValue+"</p>");
                document.write("<p>性别:"+stuSexTextValue+"</p>");
                document.write("<p>联系方式--");
                document.write("手机:"+stuContactTextValue);
                document.write(";Email:"+contactEmailAttrValue);
                document.write(";QQ:"+contactQQAttrValue+"</p>");
```

```
                    document.write("<hr align='left' width='30%' />");
            }
        </script>
    </body>
</html>
```

代码说明：

① 因为"学生"节点集合的索引值从 0 开始，所以循环语句中循环变量的终止值必须小于"学生"节点集合中的节点数目 studentsLen。

```
for(var i=0;i<studentsLen;i++) {…}
```

② 获取元素节点的属性值时，可以选择使用【例 7-4】介绍的 3 种方法中的任意一种。

（4）显示结果

【例 7-5】在浏览器中的显示结果如图 7-5 所示。

循环输出节点内容

该XML文档的根元素是：学生信息

"学生"节点集合中"学生"节点的数目是：3

第1个学生的信息

班级：0952311

学号：095231101

姓名：杨丽

性别：女

联系方式—手机：15201112233；Email：123456@126.com；QQ：12341234

第2个学生的信息

班级：1052311

学号：105231102

姓名：马超

性别：男

联系方式—手机：13527112233；Email：12344321@qq.com；QQ：11223344

第3个学生的信息

班级：1152311

学号：115231102

姓名：王超

性别：男

联系方式—手机：13190112233；Email：43214321@qq.com；QQ：43211234

文字 | 浏览器 ▾

ch07-5(循环获取节点内容).html

图 7-5　循环输出节点内容

7.7　实训

1．实训目标

1）理解 DOM 的含义。

2）理解 XML DOM 节点树的结构

3）掌握 XML 文档的加载。

4）掌握 XML DOM 节点树中元素节点的访问。

5）掌握 XML DOM 节点树中属性节点的访问。

6）掌握节点树中节点名字和节点值的输出。

7）掌握节点内容的循环输出。

2．实训内容

应用 XML DOM 技术，把第 5 章实训中的 XML 文档数据显示在 HTML 页面上。本例中数据的显示使用两种显示样式，其效果分别如图 7-6 和图 7-7 所示。

3．实训步骤

首先分析该 XML 文档对应的节点树。

① 根元素节点"学生列表"下包含多个"校区"元素节点。

② 在每个"校区"元素节点下包含多个"班级"元素节点。

③ 在每个"班级"元素节点下包含多个"学生"元素节点。

④ 本例的实现思路：首先以"校区"元素节点进行循环，输出校区信息；在"校区"元素节点的循环体内，嵌套"班级"元素节点的循环结构，用以输出每个校区的班级信息；在"班级"元素节点的循环体内，嵌套"学生"元素节点的循环结构，输出每个班级的学生信息。

（1）方法 1：实现如图 7-6 所示的显示样式

1）编写 XML 文档。

```
<?xml version="1.0" encoding="GB2312"?>
<!--XML DOM 实训方法 1 -->
<!-- FileName:ch07-6(DOM 实训方法 1).xml -->
…(XML 文档内容同第 5 章实训的 XML 文档内容)
```

2）应用 XML DOM 访问 XML 文档。

```
<html>
    <head>
        <title>DOM 实训方法 1</title>
    </head>
    <body>
        <h1><font size="60" color="purple">DOM 实训</font></h1>
        <script>
            var xmlDom=new ActiveXObject("Microsoft.XMLDOM");  //创建 Document 对象
            xmlDom.async=false;                                //设置禁止异步加载文档
            xmlDom.load("chap07-6(DOM 实训方法 1).xml");        //加载 XML 文档
```

```
//先循环"校区"，在每个"校区"下循环"班级"，在每个"班级"下循环"学生"
var schoolNode=xmlDom.getElementsByTagName("校区");//"校区"元素节点集合
var schoolLen=schoolNode.length;
//校区循环
for(var i=0;i<schoolLen;i++){
    var school=schoolNode[i];
    var schoolAttrValue=school.getAttribute("校区名");
    document.write("<h1><u style='color:red;font-style:bolder;color:Orange;'>");
    document.write(schoolAttrValue+"</u></h1>");
    var classNode=school.childNodes;
    var classLen=classNode.length;
    //班级循环
    for(var j=0;j<classLen;j++){
        var currentClass=classNode[j];
        var classAttrValue=currentClass.getAttribute("班级名");
        document.write("<h2><u style='color:red;font-style:bolder;color:blue;'>班级:");
        document.write(classAttrValue+"</u></h2>");
        var studentNode=currentClass.childNodes;
        var studentLen=studentNode.length;
        //学生循环
        for(var k=0;k<studentLen;k++){
            var currentStudent=studentNode[k];        //当前操作的"学生"节点
            //"学生"节点的子节点集合
            var stuChildren=currentStudent.childNodes;
            document.write("<h4>第"+(k+1)+"个学生：</h4>");
            var stuNoNode=stuChildren[0];              //"学号"元素节点
            var stuNoText=stuNoNode.childNodes[0].text; //"学号"元素内容
            document.write("<p>学号："+stuNoText+"</p>");
            var stuNameNode=stuChildren[1];            //"姓名"元素节点
            var stuNameText=stuNameNode.childNodes[0].text;
            //"姓名"元素内容
            document.write("<p>姓名："+stuNameText+"</p>");
            var stuSexNode=stuChildren[2];             //"性别"元素节点
            var stuSexText=stuSexNode.childNodes[0].text;//"性别"元素内容
            document.write("<p>性别："+stuSexText+"</p>");
            var stuAgeNode=stuChildren[3];             //"年龄"元素节点
            var stuAgeText=stuAgeNode.childNodes[0].text;//"年龄"元素内容
            document.write("<p>性别："+stuAgeText+"</p>");
            //读取"联系方式"元素节点的信息
            var stuContactNode=stuChildren[4];
            var telAttrValue=stuContactNode.getAttribute("手机");
            var emailAttrValue=stuContactNode.getAttribute("Email");
            var qqAttrValue=stuContactNode.getAttribute("QQ");
            document.write("<p>联系方式：（手机)"+telAttrValue+"; ");
            document.write("(Email)"+emailAttrValue+"; ");
            document.write("(QQ)"+qqAttrValue+"</p>");
```

```
                        document.write("******************************");
                    }
                document.write("<p></p><hr color='red' width='50%' align='left'></hr>");
                }
            }
        </script>
    </body>
</html>
```

3）显示结果。

本例的显示结果如图 7-6 所示。

（2）方法 2：实现如图 7-7 显示样式

1）编写 XML 文档。

```
<?xml version="1.0" encoding="GB2312"?>
<!--XML DOM 实训 -->
<!-- FileName:chap07-6(DOM 实训方法 2).xml -->
…(XML 文档内容同第 5 章实训的 XML 文档内容)
```

2）应用 XML DOM 访问 XML 文档。

在方法 2 中，需要把 XML 文档中的数据输出到表格中。相应的 HTML 文档代码
如下：

```
<html>
    <head>
        <title>DOM 实训方法 2</title>
    </head>
    <body>
        <h1 align="center" style="font-size:50pt;color:purple";>DOM 实训</h1>
        <script>
            var xmlDom=new ActiveXObject("Microsoft.XMLDOM");//创建 Document 对象
            xmlDom.async=false;                          //设置禁止异步加载文档
            xmlDom.load("chap07-6(DOM 实训方法 2).xml");  //加载 XML 文档
            //先循环"校区"，在每个"校区"下循环"班级"，在每个"班级"下循环"学生"
            //"校区"节点集合
            var schoolElementNode=xmlDom.getElementsByTagName("校区");
            var schoolLen=schoolElementNode.length;
            //校区循环
            document.write("<table border='1' width='70%'  align='center'>");
            for(var i=0;i<schoolLen;i++){
                var school=schoolElementNode[i];
                var schoolAttrValue=school.getAttribute("校区名");
                document.write("<tr bgcolor='pink'>");
                document.write("<th width='20%'>校区</th>");
                document.write("<td  style='font-weight:bold;'>"+schoolAttrValue+"</td>");
                document.write("</tr>");
                var classElementNode=school.childNodes;
```

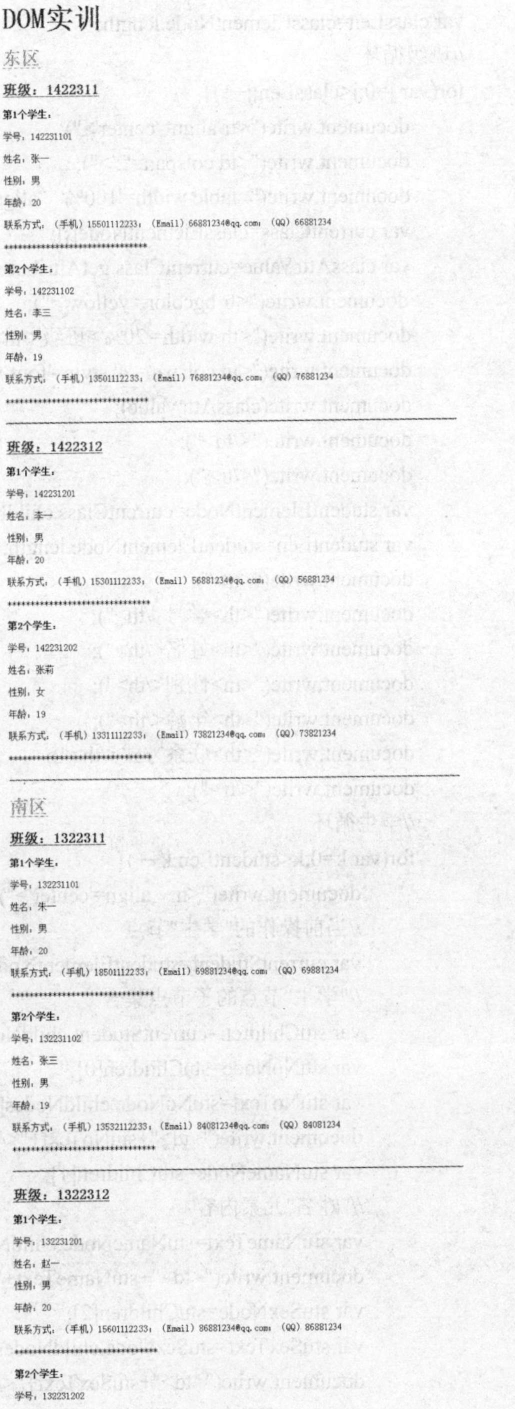

DOM实训

东区

班级：1422311

第1个学生：

学号：142231101

姓名：张一

性别：男

年龄：20

联系方式：（手机）15501112233；（Email）66881234@qq.com；（QQ）66881234

****

第2个学生：

学号：142231102

姓名：李三

性别：男

年龄：19

联系方式：（手机）13501112233；（Email）76881234@qq.com；（QQ）76881234

****

班级：1422312

第1个学生：

学号：142231201

姓名：李一

性别：男

年龄：20

联系方式：（手机）15301112233；（Email）56881234@qq.com；（QQ）56881234

****

第2个学生：

学号：142231202

姓名：张莉

性别：女

年龄：19

联系方式：（手机）13311112233；（Email）73821234@qq.com；（QQ）73821234

****

南区

班级：1322311

第1个学生：

学号：132231101

姓名：朱一

性别：男

年龄：20

联系方式：（手机）18501112233；（Email）69881234@qq.com；（QQ）69881234

****

第2个学生：

学号：132231102

姓名：张三

性别：男

年龄：19

联系方式：（手机）13532112233；（Email）84081234@qq.com；（QQ）84081234

****

班级：1322312

第1个学生：

学号：132231201

姓名：赵一

性别：男

年龄：20

联系方式：（手机）15601112233；（Email）86881234@qq.com；（QQ）86881234

****

第2个学生：

学号：132231202

姓名：罗莉

性别：女

年龄：19

联系方式：（手机）18311112233；（Email）93821234@qq.com；（QQ）93821234

****

文字 ｜ 浏览器 ▾
ch07-6(DOM实现方法1).html

图 7-6　XML DOM 数据显示样式 1

```javascript
var classLen=classElementNode.length;
//班级循环
for(var j=0;j<classLen;j++){
    document.write("<tr align='center'>");
    document.write("<td colspan='2'>");
    document.write("<table width='100%'  align='center'  border='0' >");
    var currentClass=classElementNode[j];
    var classAttrValue=currentClass.getAttribute("班级名");
    document.write("<tr bgcolor='yellow'>");
    document.write("<th width='20%'>班级</th>");
    document.write("<td colspan='4' style='font-weight:bold;'>");
    document.write(classAttrValue);
    document.write("</td>");
    document.write("</tr>");
    var studentElementNode=currentClass.childNodes;
    var studentLen=studentElementNode.length;
    document.write("<tr>");
    document.write("<th>学号</th>");
    document.write("<th>姓名</th>");
    document.write("<th>性别</th>");
    document.write("<th>年龄</th>");
    document.write("<th>联系方式</th>");
    document.write("</tr>");
    //学生循环
    for(var k=0;k<studentLen;k++){
        document.write("<tr   align='center'>");
        //当前操作的"学生"节点
        var currentStudent=studentElementNode[k];
        //"学生"节点的子节点集合
        var stuChildren=currentStudent.childNodes;
        var stuNoNode=stuChildren[0];                    //"学号"元素节点
        var stuNoText=stuNoNode.childNodes[0].text; //"学号"元素内容
        document.write("<td>"+stuNoText+"</td>");
        var stuNameNode=stuChildren[1];              //"姓名"元素节点
        //"姓名"元素内容
        var stuNameText=stuNameNode.childNodes[0].text;
        document.write("<td>"+stuNameText+"</td>");
        var stuSexNode=stuChildren[2];               //"性别"元素节点
        var stuSexText=stuSexNode.childNodes[0].text;//"性别"元素内容
        document.write("<td>"+stuSexText+"</td>");
        var stuAgeNode=stuChildren[3];               //"年龄"元素节点
        var stuAgeText=stuAgeNode.childNodes[0].text;//"年龄"元素内容
        document.write("<td>"+stuAgeText+"</td>");
        var stuContactNode=stuChildren[4];
        var telAttrValue=stuContactNode.getAttribute("手机");
        var emailAttrValue=stuContactNode.getAttribute("Email");
```

```
                           var qqAttrValue=stuContactNode.getAttribute("QQ");
                        document.write("<td>");
                        document.write(telAttrValue+"/"+emailAttrValue+"/"+qqAttrValue);
                        document.write("</td>");
                        document.write("</tr>");
                  }
                document.write("</table>");
                document.write("</td>");
                document.write("</tr>");
             }
          }
        document.write("</table>")
     </script>
   </body>
</html>
```

3）显示结果。

本例的显示结果如图 7-7 所示。

图 7-7　XML DOM 数据显示样式 2

7.8　习题

1．简述 DOM 代表的含义。

2．W3C DOM 主要分为哪几个级别？

3．XML DOM 节点树中主要的节点类型有哪些？

4．简述 XML DOM 解析器的作用。

5. DOM 节点对象常用的共有属性和方法各有哪些？

6. 简述获取 DOM 节点属性的方法。

7. 应用 XML DOM 技术，把下面的 XML 文档数据按照如图 7-8 所示的显示样式显示到页面上。XML 文档的代码如下：

```xml
<?xml version="1.0" encoding="GB2312"?>
<Students>
    <department>
        <departname>计算机工程系</departname>
        <student>
            <name>张迪</name>
            <sex>女</sex>
            <contact   Email="13912345678@126.com">13912345678</contact>
        </student>
        <student>
            <name>王雨</name>
            <sex>男</sex>
            <contact Email="13812345678@126.com">13812345678</contact>
        </student>
        <student>
            <name>王燕</name>
            <sex>女</sex>
            <contact Email="13412345678@126.com">13412345678</contact>
        </student>
        <student>
            <name>杨明</name>
            <sex>男</sex>
            <contact Email="13312345678@126.com">13312345678</contact>
        </student>
    </department>
    <department>
        <departname >软件工程系</departname>
        <student>
            <name>徐莉</name>
            <sex>女</sex>
            <contact Email="15912345678@126.com">15912345678</contact>
        </student>
        <student>
            <name>冯楠</name>
            <sex>男</sex>
            <contact Email="13612345678@126.com">13612345678</contact>
        </student>
    </department>
    <department>
        <departname>数字媒体系</departname>
        <student>
```

```
                <name>李莉</name>
                <sex>女</sex>
                <contact Email="13212345678@126.com">13212345678</contact>
            </student>
            <student>
                <name>张楠</name>
                <sex>男</sex>
                <contact Email="13512345678@126.com">13512345678</contact>
            </student>
        </department>
    </Students>
```

XML 文档数据的显示样式如图 7-8 所示。在此显示样式中，表格第 1 行显示系名，表格的第 2 行显示学生信息，该行单元格内嵌套了一个无边框的表格，利用嵌套表格显示学生信息。

计算机工程系		
姓名	**性别**	**联系方式**
张迪	女	13912345678(13912345678@126.com)
王雨	男	13812345678(13812345678@126.com)
王燕	女	13412345678(13412345678@126.com)
杨明	男	13312345678(13312345678@126.com)
软件工程系		
姓名	**性别**	**联系方式**
徐莉	女	15912345678(15912345678@126.com)
冯楠	男	13612345678(13612345678@126.com)
数字媒体系		
姓名	**性别**	**联系方式**
李莉	女	13212345678(13212345678@126.com)
张楠	男	13512345678(13512345678@126.com)

图 7-8　习题 7 的显示样式

8. 应用 XML DOM 技术，把下面的 XML 文档数据按照如图 7-9 所示的显示样式进行显示。

唐诗宋词

标题	作者	诗文
回乡偶书	贺知章 (字号：季真)	碧玉妆成一树高，万条垂下绿丝绦。 不知细叶谁裁出，二月春风似剪刀。
静夜思	李白 (字号：太白)	床前明月光，疑是地上霜。 举头望明月，低头思故乡。
卜算子·咏梅	陆游 (字号：放翁)	驿外断桥边，寂寞开无主。 更著风和雨。无意苦争春，一任群芳妒。 零落成泥碾作尘，只有香如故。

图 7-9　习题 8 的显示样式

XML 文档的代码如下：

```xml
<?xml version="1.0" encoding="gb2312" ?>
<唐诗宋词>
    <info>
        <content> 唐诗宋词</content>
    </info>
    <诗词>
        <作者 字号="季真">贺知章</作者>
        <标题>回乡偶书</标题>
        <内容>
            <节>碧玉妆成一树高，万条垂下绿丝绦。</节>
            <节>不知细叶谁裁出，二月春风似剪刀。</节>
        </内容>
    </诗词>
    <诗词>
        <作者 字号="太白">李白</作者>
        <标题>静夜思</标题>
        <内容>
            <节>床前明月光，疑是地上霜。</节>
            <节>举头望明月，低头思故乡。</节>
        </内容>
    </诗词>
    <诗词>
        <作者 字号="放翁">陆游</作者>
        <标题>卜算子·咏梅</标题>
        <内容>
            <节>驿外断桥边，寂寞开无主。</节>
            <节>更著风和雨。无意苦争春,一任群芳妒。</节>
            <节>零落成泥碾作尘,只有香如故。</节>
        </内容>
    </诗词>
</唐诗宋词>
```

参 考 文 献

[1] 宋武. XML 基础教程与实验指导[M]. 北京：清华大学出版社，2013.

[2] 张银鹤，等. XML 实践教程[M]. 北京：清华大学出版社，2007.

[3] 耿详义，等. XML 基础教程[M]. 北京：清华大学出版社，2012.

[4] 郝俊寿，等. XML 程序设计案例教程[M]. 北京：机械大学出版社，2012.

[5] 陈作聪，等. XML 实用教程[M]. 北京：机械大学出版社，2014.

[6] 范春梅，等. XML 基础教程[M]. 北京：人民邮电大学出版社，2009.

[7] 高怡新. XML 基础教程[M]. 北京：人民邮电大学出版社，2006.

计算机组装与维护教程（第6版）

书号： ISBN 978-7-111-49178-1

作者： 刘瑞新 等　　　　**定价：** 37.00 元

获奖项目： "十二五"职业教育国家规划教材
北京高等教育精品教材
全国优秀畅销书奖

推荐感言： 累计销售 30 余万册。本书是最新改版，详细介绍了微机的大部分硬件、常用外围设备和基础软件等内容。在编写上以基本原理和基本方法为主导，以目前最新的硬件产品为实例，循序渐进地介绍微机的选购、组装及维护等内容。本书免费提供电子课件。

网页设计与制作教程（第5版）

书号： ISBN 978-7-111-46585-0

作者： 刘瑞新 等　　　　**定价：** 37.80 元

获奖项目： "十二五"职业教育国家规划教材
全国优秀畅销书奖

推荐感言： 本书采用全新流行的 Web 标准，以 HTML 技术为基础，由浅入深、完整详细地介绍了 HTML、CSS 及 JavaScript 网页制作内容。本教材把介绍知识与实例制作融于一体，以鞋城网站作为案例讲解，配以什锦果园网站的实训练习，两条主线互相结合、相辅相成，自始至终贯穿于本书的主题之中。本书免费提供电子教案。

JSP+MySQL+Dreamweaver 动态网站开发实例教程

书号： ISBN 978-7-111-41069-4

作者： 张兵义 等　　　　**定价：** 39.80 元

推荐简言： 本书采用案例驱动的教学方法，首先展示案例的运行结果，然后详细讲述案例的设计步骤，循序渐进地引导读者学习和掌握相关知识点。在介绍 JSP 动态网页设计步骤时，将 Dreamweaver 可视化设计与手工编码有机地结合在一起。本书免费提供电子教案。

PHP+MySQL+Dreamweaver 动态网站开发实例教程

书号： ISBN 978-7-111-38360-4

作者： 张兵义 等　　　　**定价：** 36.00 元

推荐简言： 本书采用案例驱动的教学方式，首先展示案例的运行结果，然后详细讲述案例的设计步骤，循序渐进地引导读者学习和掌握相关知识点。在介绍 PHP 动态网页设计步骤时，本书将 Dreamweaver 可视化设计与手工编码有机地结合在一起。本书免费提供电子教案。

数据库技术与应用——SQL Server 2008

书号： ISBN 978-7-111-29463-4

作者： 胡国胜 等　　　　**定价：** 29.00 元

推荐简言： 本书采用最新的 SQL Server 版本，全面介绍了 SQL Server 2008 的主要功能、相关命令和开发应用系统的一般技术。作者精心设计了两个具体的数据库管理系统实例，在教学环节中使用图书馆管理系统，在实训过程中使用宾馆管理信息系统，体现了"项目驱动、案例教学、理论实践相结合"的教学理念。本书是校企结合的范例，并免费提供电子教案。

HTML+CSS+JavaScript 网页制作

书号： ISBN 978-7-111-48048-7

作者： 刘瑞新 等　　　　**定价：** 36.00 元

获奖项目： "十二五"职业教育国家规划教材

推荐简言： 本书采用"模块化设计、任务驱动学习"的编写模式，以网站建设和网页设计为中心，以实例为引导，把介绍知识与实例设计、制作、分析融为一体，自始至终贯穿于本书之中。每个案例均按"案例展示""学习目标""知识要点""制作过程"和"案例说明" 5 个部分来进行讲解。本书免费提供电子教案。